CABLE STRUCTURES JOINT DETAILING & CASE ANALYSIS

索结构节点设计与案例分析

白宝萍　任俊超
尚景朕　刘建春　编著

中国电力出版社
CHINA ELECTRIC POWER PRESS

内 容 提 要

本书分为五章。第一章介绍了索结构特点及形式，第二章介绍了建筑用索材料，第三章介绍了节点分类与设计，第四章介绍了空间索结构典型案例分析，第五章介绍了幕墙索结构典型案例分析。附录列出了空间索结构和幕墙索结构的主要工程案例。

本书适合从事建筑设计和建筑索结构、幕墙索结构领域的读者参考使用。

图书在版编目（CIP）数据

索结构节点设计与案例分析/白宝萍等编著．—北京：中国电力出版社，2022.5
ISBN 978-7-5198-6666-2

Ⅰ.①索…　Ⅱ.①白…　Ⅲ.①悬索结构—节点—结构设计—研究　Ⅳ.①TU351

中国版本图书馆 CIP 数据核字（2022）第 059842 号

出版发行：中国电力出版社
地　　址：北京市东城区北京站西街 19 号（邮政编码 100005）
网　　址：http://www.cepp.sgcc.com.cn
责任编辑：乐　苑（010-63412380）
责任校对：黄　蓓　朱丽芳
装帧设计：王红柳
责任印制：杨晓东

印　　刷：三河市百盛印装有限公司
版　　次：2022 年 5 月第一版
印　　次：2022 年 5 月北京第一次印刷
开　　本：710 毫米×1000 毫米　16 开本
印　　张：14
字　　数：217 千字
定　　价：48.00 元

序

索结构是一种新颖的结构形式，它那充满张力且富于变化的曲面，自由灵活的大空间，通过立柱、拉索以及金属节点等表现了建筑与结构的完美结合，吸引了建筑师和结构工程师们的共同关注。近年来中国的建筑索结构飞跃发展，多种多样的索结构在工程中得到广泛应用，这使人们越来越认识到索节点是索结构工程设计的一个关键环节，不仅直接影响建筑美观和结构合理性，更密切关系工程造价、施工周期和安全。为此，围绕以上问题编写一本实用的参考用书，当然会受到欢迎。

中国对索结构的研究起步比较早，1958 年起一些科研机构就开始对圆形单层及双层悬索、伞形悬索及鞍形索网等不同形式进行了理论计算、模型试验与施工方法等方面的研究，基本上是引进国外的结构形式和施工技术。当时在大、中跨度体育建筑中曾推广应用，如北京工人体育馆采用了直径 94m 的圆形双层悬索，浙江人民体育馆采用了 60m×80m 平面的鞍形索网，淄博 54m 跨度体育馆的单层单曲悬索，覆盖以钢筋混凝土板，施工时采用在屋面上超加荷的方法对钢索预加应力，经过灌缝后的屋面板与钢索形成整体，具有很好的刚度。

随后，索结构在中国稳步前进，应用面逐步展开，研究与开发了一些具有自己特点的新型悬索体系。如一种预应力双层悬索体系曾用于屋盖尺寸为 59m×79.8m 的吉林滑冰馆。另一种增强单曲悬索稳定性的方法是采用以梁或桁架构成的横向加劲构件，开发了一种新型的横向加劲悬索体系。通过对桁架端部支座下压产生强迫位移，在索内产生了预应力，这样桁架起到加劲作用，增强了屋盖的刚度。这种悬索体系曾分别应用在纵向主索跨度 72m 的安徽体育馆，以及上海杨浦区体育馆、潮州体育馆等工程。

进入 21 世纪以来，索结构出现了令人瞩目的进展。一种新型的张弦结构得到了迅猛发展，成为索结构应用的重要领域。张弦结构是由刚度较大的刚性构件和柔性索通过撑杆连接而组成，结构的整体刚度大大增强。张弦结构可按单向、双向或空间布置成型，以适应不同形状的平面。最早用于大跨度的单向张弦桁架是上海浦东机场一期航站楼，跨度 82.6m。其后又在不少体育馆、展览馆上采用。此外，中国近年来开始建造了大量高速铁路的火车站，其车站大厅和站台雨篷也采用了数量可观的张弦桁架，特别是站台雨篷避免了立柱，改善了建筑效果和使用功能，例如新广州站，采用了跨度自 40m 至 68m 的张弦拱，覆盖面积达 20 万 m^2。张弦结构向空间发展，就形成张弦网壳，近年来在体育馆中得到广泛应用。其中跨度在 80～120m 的就有北京奥运会羽毛球馆、常州体育馆、济南奥体中心体育馆等。这些工程把柔性的索和刚性的网壳完美地结合在一起，和一般网壳相比，结构的稳定性大大提高，而杆件内力可降低到原来的 1/3。以上各种索结构所用的材料和节点，大部分在本书中都有论述，为工程设计与施工提供了指引。

近年来索结构也被广泛应用于玻璃幕墙，作为承受水平荷载的主要承重构件，大多采用平面索网或索桁架。纤细的钢索也满足了建筑立面通透的要求。这些索结构的跨度可能不大，一般在 10～20m，但每个工程中的幕墙面积往往会达到数千平方米。早期的北京新保利大厦玻璃幕墙，高 90m，宽 58m，采用了双向单层索。重庆江北国际机场 T2 航站楼，周围玻璃幕墙以索网支承，总面积达 10 万 m^2。由于玻璃幕墙使用量很大，所消耗的钢索总量实际上已经超过了所有的屋盖的索结构用量，为此书中专列一章来论述幕墙索结构。

组织编著本书的白宝萍女士，她是坚朗公司创始人之一。作为空间结构分会常务理事，多年来推动索结构产业的健康发展，为上下游产业链的提升、融通、规范和创新做了大量的工作。本书主要编写人任俊超博士，同济大学毕业之后，在坚朗公司工作，一直致力于索结构的生产和研发。俊超博士身在企业，可是和学术界一直保持了密切的联系。她根据多年来团队的成功经验，针对这一结构体系存在的技术难题进行了系统的总结，介绍了典型工程案例的节点设计和构造做法，并整理成册出版。出版后将为有关工程人员提供技术指导，从而促进索结构快速发展，我认为这是一件很有意义的工作。

中国的索结构历经沉浮，曾经出现过大量采用的盛况，也有根本没有一个工程的年代。我有幸担任过第一届空间结构分会的理事长，目前还是名誉理事长，也曾经主持了中国悬索结构第一本技术规程的编制工作，目睹了中国索结构的发展历程。时至今日，出现了如北京冬奥会“冰丝带”、顺德体育中心、郑州奥体那样的索结构。特别是顺德体育中心采用光纤光栅智慧索，开启索结构健康监测新纪元，可谓登峰造极之作。值得注意的是，当前国外的索结构也在大力发展，不论是材料或节点都有很多先进的技术值得我们认真考察学习。与此同时，我们也要保持和提高既有的成果，使中国的索结构侪身于世界先进行列。科技创新没有止境，希望本书的出版能为此作出贡献。

蓝天

中国建筑科学研究院研究员

2022 年 4 月

前　言

随着建筑行业的飞速发展，空间索结构凭借着优美的结构造型、良好的结构性能及经济性，被广泛应用在公共建筑中。此外，随着现代结构技术水平的发展和玻璃工艺水平的提高，玻璃幕墙从单一的框架式发展成更加多元化。其中，拉索幕墙凭借其简洁通透的特点，为建筑穿上炫彩外衣，受到更多建筑师的青睐。

在空间索结构和幕墙索结构中，索节点作为重要的结构组成部分，是整个索结构的灵魂所在。索节点的设计不仅直接影响建筑美观和结构合理性，而且会关系到工程成本造价、施工周期及安全等各方面。目前，行业内仅对索节点的基本构造做法和统一标准有所介绍，缺少实际工程的拉索节点深化设计。鉴于此，作者结合自身从事索结构相关工作二十余年的经历，向读者介绍典型工程案例的具体节点设计和构造做法，旨在为广大设计师和从业人员提供参考。

本书第一章主要介绍索结构特点及形式，第二章介绍索结构常用的材料，包括密封索、galfan 索、PE 拉索、不锈钢拉索和钢拉杆等。第三章主要介绍空间结构的常用节点分类以及幕墙柔性支承体系，第四章介绍作者参与的空间索结构典型案例，阐述工程概况、结构体系和节点设计与深化。由于篇幅有限，仅选取了 14 个较为有代表性的工程。第五章介绍作者参与的幕墙索结构典型案例，阐述工程概况、幕墙体系和节点设计与深化，由于篇幅有限，仅选取了 10 个较为有代表性的工程。

本书汇集了坚朗公司近些年参与的主要标志性工程案例，由白宝萍副总裁组织编著、任俊超博士编写。在编写过程中，得到坚朗技术团队的大力支持。特别是坚宜佳子公司总经理尚景朕和幕墙配件事业部总经理刘建春做了大量的工作。坚宜佳子公司和幕墙配件事业部同事也都参与了本书的撰写，他们是赵波副总经理、陈荣华副总经理、彭永享部长、董霞部长、尚玲艳副部长、陈荣豪主管、陈广宁主管、荆坤峰主管、刘玉华工程师、蒋昌林工程师、张大为工程师、宋海清工程师、李学谱工程师、戚世帅工程师。

本书中所撰写的工程案例也得到了相关设计院总工、施工单位负责人的大力支持，在此一并表示感谢。限于作者水平有限，书中难免存在不妥之处，敬请读者批评指正。

作者

2022 年 4 月

目　录

序
前言
第一章　索结构特点及形式 …… 1
1.1　空间索结构 …… 1
1.2　幕墙索结构 …… 33
第二章　建筑用索材料 …… 44
2.1　钢丝绳 …… 44
2.2　平行钢丝束 …… 47
2.3　钢拉杆 …… 48
2.4　锌-5%铝-混合稀土合金镀层钢绞线拉索 …… 52
2.5　不锈钢拉索 …… 58
第三章　节点分类与设计 …… 60
3.1　空间索结构节点分类 …… 60
3.2　节点计算案例 …… 68
3.3　幕墙柔性支承体系 …… 72
3.4　幕墙节点设计 …… 73
第四章　空间索结构典型案例分析 …… 77
4.1　伊金霍洛旗全民健身体育活动中心 …… 77
4.2　援柬埔寨国家体育场 …… 80
4.3　石家庄国际会展中心 …… 87
4.4　三亚市体育中心体育场 …… 91
4.5　郑州奥体中心 …… 95
4.6　长春奥林匹克公园体育场 …… 99
4.7　中铁青岛世界博览城 …… 102
4.8　国家雪车雪橇中心 …… 106
4.9　上海迪士尼景观桥 …… 110
4.10　山东泰山文旅健身中心 …… 113
4.11　河南清丰县文体中心体育馆 …… 116
4.12　京哈高铁全封闭声屏障结构 …… 118
4.13　成都露天音乐广场 …… 121

4.14　顺德体育中心（在建） …… 123
第五章　幕墙索结构典型案例分析 …… 131
5.1　人民日报社 …… 131
5.2　安徽省广电新中心大厦 …… 134
5.3　乌镇互联网会展中心 …… 137
5.4　南宁吴圩国际机场航站楼 …… 140
5.5　北京丽泽 SOHU …… 142
5.6　铜川博物馆 …… 144
5.7　中石油办公楼 …… 147
5.8　深圳国际会展中心 …… 148
5.9　西安丝路国际会展中心 …… 150
5.10　深圳威新软件科技园三期项目 …… 153
附录 1　坚宜佳钢拉索部分典型工程案例 …… 157
附录 2　坚朗不锈钢拉索部分典型工程案例 …… 181
附录 3　坚宜佳钢拉杆部分典型工程案例 …… 194
参考文献 …… 214

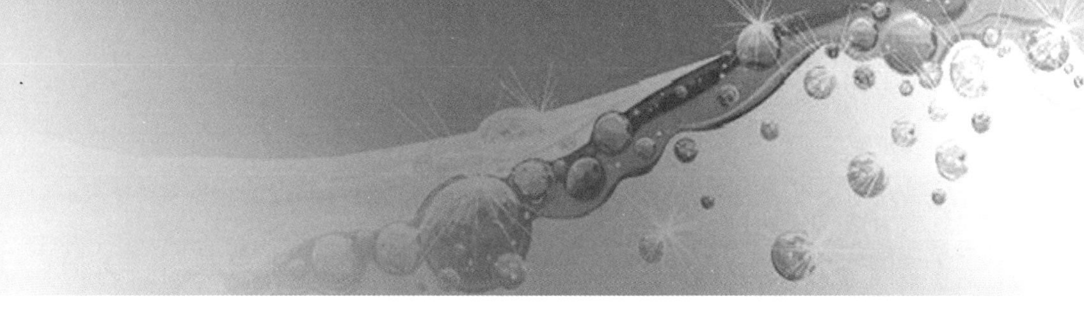

第一章　索结构特点及形式

1.1　空间索结构

公用建筑的兴建是新颖的结构形式与优雅的建筑造型有机组合的结晶，是人们追寻艺术审美和功能需求的完美产物。大跨度建筑因其跨度和技术的限制，结构在建筑设计中起主导地位，建筑空间的创造、建筑外观的塑造及建筑情感的表达都与结构密切相关。空间索结构作为大跨结构中一种重要的结构形式，越来越受到国内外建筑师和科技界的广泛关注。

特别是，建筑师需要对空间索结构的结构形态、建构方法及艺术特性充分了解并熟练应用在建筑的创作中。所以空间索结构家族凭借其优美的建筑造型和良好的结构性能，被广泛运用于大跨度、大柱网、大开间的体育馆、影剧院、展览馆、车站、候机厅、大型商场、工业车间和仓库等建筑中，是一类发展前景广阔的结构形式。

伴随着拉索材料制造技术的提高和预应力施工技术水平的日益完善，空间索结构队伍日益壮大，主要包括：悬索结构、斜拉结构、张弦结构和索穹顶。

1.1.1　悬索结构

悬索结构（cable - suspended structure）由一系列作为主要承重构件的悬挂拉索按一定规律布置而组成的结构体系，包括单层悬索体系（单索、索网）、双层索系及横向加劲索系。

悬索结构主要承力构件是索，悬挂于支承结构上。采用双层索时，上下弦索间使用撑杆或拉杆进行连系。

1. 单层悬索体系

单层悬索结构由一系列按一定规律布置的单根悬索构成。悬索两端锚挂在稳固的支承结构上。柔性的悬索在自然状态下不仅没有刚度，其形状也是不确定的。必须采用敷设重屋面或施加预应力等措施，才能赋予一定的形状，成为在外荷载作用下具有必要刚度和形状稳定性的结构，从而克服单索刚度低、稳定性差、非对称荷载作用下变形比较大的缺点。

为保证单索结构的整体刚度，可采用以下措施来建立预应力：在单索上采用钢筋混凝土屋面板等重屋面，也可在屋面板上超载加荷并浇筑板缝，然后卸载，使索与钢筋混凝土板构成壳体屋面。

悬索的垂度与跨度之比是影响单索工作的重要几何参数。跨度、荷载相同条件下，垂跨比小时悬索体系扁平，其形状稳定性和刚度均差，索中拉力也大。垂跨比大时，索系的稳定性、刚度均得到改善，索中拉力减小。对于单索屋盖，当平面为矩形时，索两端支点可设计为等高或不等高，索的垂度可取跨度的1/10～1/20；当平面为圆形时，中心受拉环与结构外环直径之比可取1/8～1/17，索的垂度可取跨度的1/10～1/20。

（1）单索。

单索的布置方式与建筑平面形状紧密相关。单索的形状稳定性不好，易在不对称性荷载下产生机构性位移，抗负风压的能力也很差。采用重型屋面是解决问题的一个途径；另外，也可以考虑采用预应力钢筋混凝土悬挂薄壳的方法。

当单索平面为矩形或多边形时，可将拉索平行布置构成单曲下凹屋面［见图1-1（a)］。当平面为圆形时，拉索可按辐射状布置构成蝶形的屋面，中心宜设置受拉环［见图1-1（b)］。显然，下凹的屋面不便于排水。当平面为圆形并允许在中心设置立柱时，可利用支柱升起为悬索提供中间支撑而形成伞形屋面［见图1-1（c)］。受拉内环采用钢制，充分发挥钢材的抗拉强度；受压的外环一般采用钢筋混凝土结构，充分利用混凝土的抗压强度，经济合理。因而圆形平面比矩形或多边形平面可做到较大跨度。

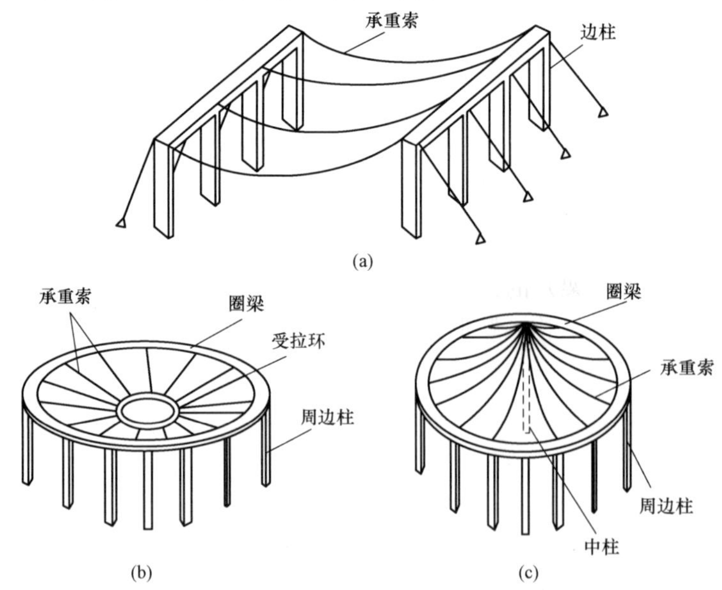

图1-1 单索

（a）矩形平面；（b）圆形平面；（c）伞形平面

华盛顿杜勒斯机场候机楼建于1958～1962年，是由20世纪中叶美国最有创造性的建筑师之一埃罗·沙里宁设计。该候机楼采用单层悬索体系，矩形平面195.2m×51.5m，预应力索采用φ25圆钢，间距3m，锚固于15m高的斜柱上，屋面采用预制轻质混凝土板，如图1-2所示。沙里宁运用象征手法设计的候机楼，象征候机大厅将和飞机一起腾空翱翔。内部空间流动舒展，支承结构布置在建筑的端部，天棚和墙面全由玻璃覆盖。

图1-2 华盛顿杜勒斯机场候机楼

（2）索网。

索网由两组正交、曲率相反的索直接交叠组成，其中下凹的一组是承重索，上凸的一组是稳定索，两组拉索在交点处相互连接。索网的曲面形成由正、负高斯曲线构成的双曲抛物面，因而也称为鞍形索网（见图1-3）。

对索网中任意一组或两组索进行张拉，赋予一定的预拉力，使其具有良好的稳定性和刚度。鞍形索网与双层索系（索桁架）的区别在于双层索系属于平面结构，鞍形索网为空间结构体系。索网曲面的几何形状与建筑物平面形状、支承结构形式、预应力大小及外荷载作用等因素有关。当建筑物平面为矩形、菱形、圆形及椭圆形等规则形状时，鞍形索网有可能做成较简单的双曲抛物面。对于其他情况，曲面都较复杂。甚至不能用函数进行表达，设计者要根据外形要求和索力分布较均匀的原则，由“成形分析”来确定索网的几何形状。

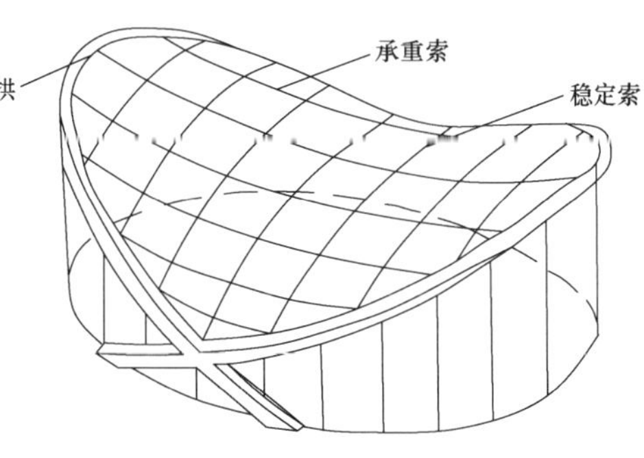

图1-3 索网

曲面扁平的索网一般需施加很大的预应力才能达到必要的结构刚度和稳定性，很不经济，所以对鞍形索网也应要求一定的矢跨比，使曲面有必要的曲率。承重索的垂度可取跨度的1/10～1/20，稳定索的拱度可取跨度的1/15～1/30。

鞍形索网边缘构件形式多样，主要包括以下方面：①圆形或椭圆形平面的双曲抛物面索网所采用闭合的空间曲梁。曲梁的轴线一般取索网曲面与圆柱面或椭圆柱面的相截线。在两向索拉力的作用下，空间曲梁为压弯构件。②菱形平面双曲抛物面索网的边缘构件采用直梁。在索拉力作用下，和曲梁相比，直梁会产生较大的弯矩。③采用柔性边缘构件——边界索。索网连于边界索上，边界索再将拉力传至地锚或其他结构。④边缘构件为两落地交叉拱。一个方向拱推力的水平分力由两拱脚间拉杆平衡。

1953年美国建成的Raleigh体育馆拉开了现代悬索屋盖应用于房屋建筑的序幕。Raleigh体育馆采用以两个斜放的抛物线拱边缘的鞍形正交索网结构，其圆形平面92m×97m，索网格1.83m×1.83m，稳定索φ12～φ19，拱跨比1/10；承重索φ19～φ22，垂跨比1/9，钢筋混凝土拱截面尺寸4.27m×0.76m，与地面呈21.8°，如图1-4所示。这一新型建筑形式极大地冲击了传统的建筑设计思想和概念。随后，双曲索网结构如雨后春笋般地出现在欧美、苏联等国家[1]。

(a)

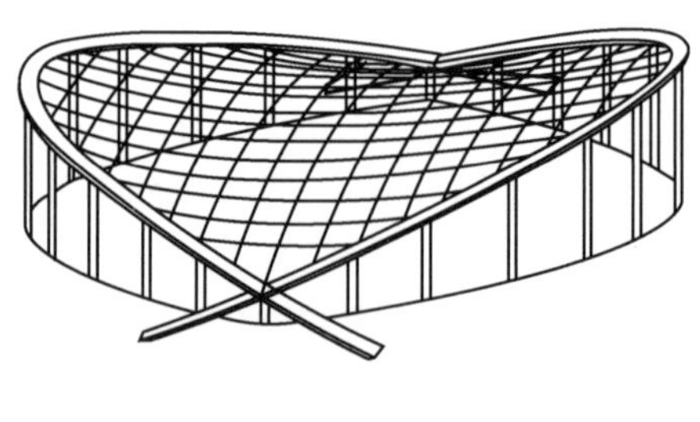

(b)

图1-4 美国Raleigh体育馆

(a) 实景图；(b) 结构简图

1964年落成的东京奥运会代代木体育馆是当代仿生建筑的杰出代表，这一个由瞬间的海浪漩涡而引发灵感的设计，其类似海螺的独特造型给人很强的视觉冲击。这座建筑就采用了悬索结构这一来源于蜘蛛网的灵感，用数根自然下垂的钢索牵引主体结构的各个部位，即悬挂在两个塔柱上的两条中央悬索及分列两侧的两片鞍形索网是屋盖结构的主要组成部分，劲性索采用高度为0.5～1.0m的工字钢。高耸的塔柱、下垂的主悬索和流畅的两片鞍形曲面组成了这座总面积达两万多平米的超大型雄伟别致的建筑物，成为建筑艺术的经典作品（见图1-5)。日本建筑大师丹下健三设计的代代木体育馆是20世纪60年代的技术进步的象征，它脱离了传统的结构和造型，被誉为划时代的作品。

(a)

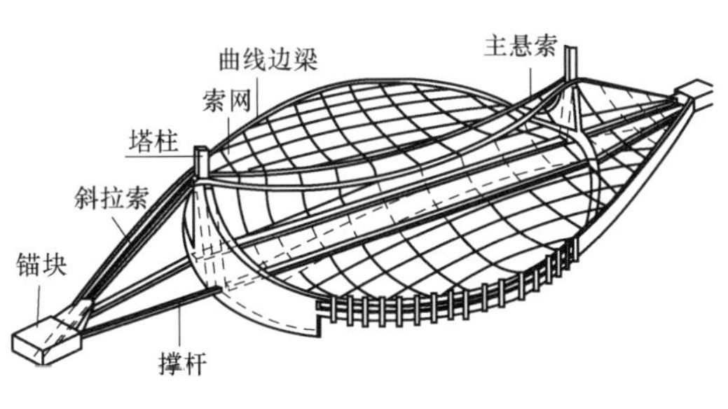

(b)

图1-5　代代木体育馆

(a) 实景图；(b) 结构简图

1972年德国慕尼黑奥林匹克主体育场由45岁的斯图加特建筑师拜尼施受1967年蒙特利尔世界博览会上德国馆一个小小的帐篷式结构的启发而创造，这个在世界建筑史上堪称杰作的大型建筑群，已经成为慕尼黑市现代建筑的代表。其新颖之处就在于它有着半透明帐篷形的棚顶，覆盖面积达85000m^2，可以使数万名观众避免日晒雨淋。整个棚顶呈圆锥形，由9片鞍形索网，8根平均高度70m的桅杆，长达455m的内边索及从桅杆顶端垂下用来吊挂各片索网的吊索组成。每一网格为75cm×75cm，索网屋顶镶嵌浅灰棕色丙烯塑料玻璃，用氟丁橡胶卡将玻璃卡在铝框中，使覆盖部分内光线充足且柔和，如图1-6、图1-7所示。该结构首次采用铸钢节点，同时采用非线性分析进行设计计算。

(a)

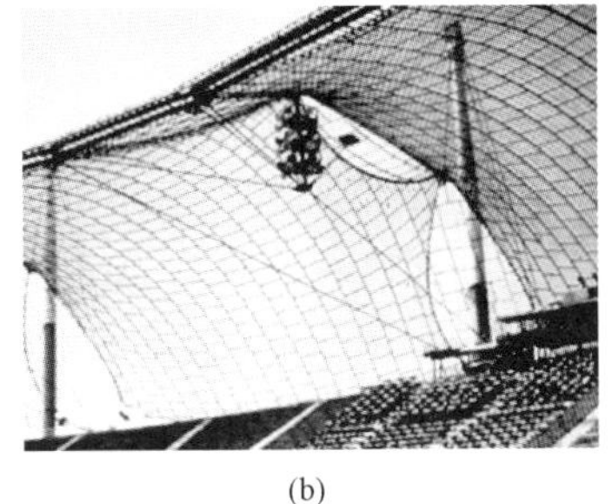

(b)

图1-6　慕尼黑奥林匹克主体育场

(a) 实景图；(b) 棚顶一角

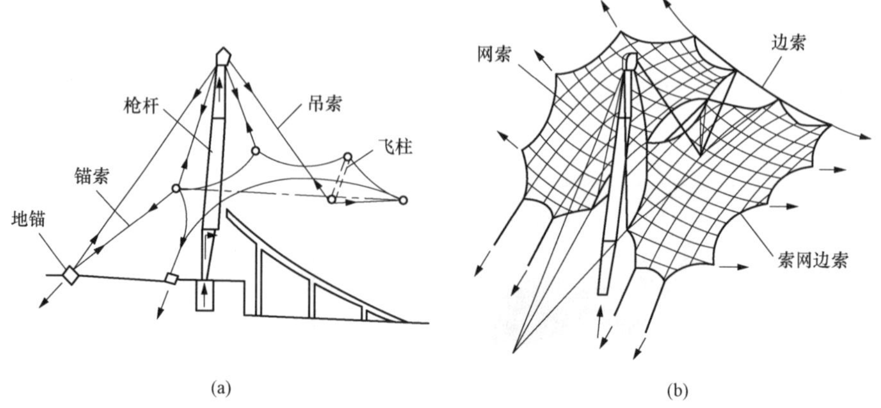

图 1-7 慕尼黑奥林匹克主体育场结构形式

(a) 立面图；(b) 结构简图

1982 年建成的德国慕尼黑滑冰馆采用双层预应力鞍形索网结构，索网在中间悬挂于沿对称轴设置的钢拱，周边则由带拉杆立柱支撑的边索相连。整个滑冰馆平面呈椭圆形，尺寸为 87m×64m。落地拱的跨度为 104m，由三角形截面的格构式钢管构成，如图 1-8 所示。双层索网是由 φ11.5 双根镀锌钢绞线组成，网格为 75cm，用铝合金夹具固定。边索采用 φ60 钢绞线。索网覆以木网格及白色透明的聚氯乙烯聚酯薄膜，使大厅具有良好的采光。

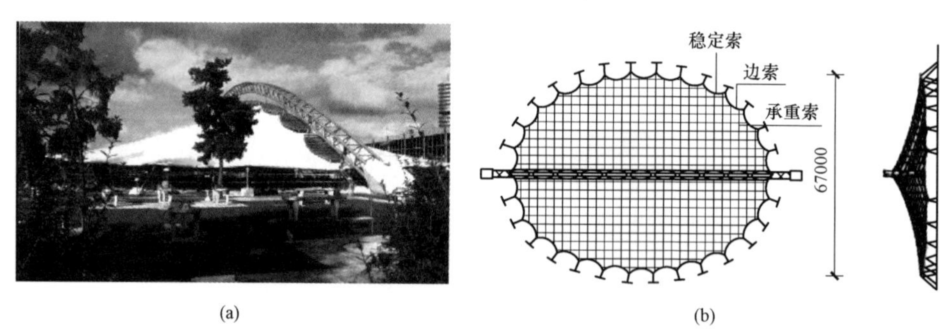

图 1-8 德国慕尼黑滑冰馆

(a) 实景图；(b) 结构形式

1983 年建成的加拿大卡尔加里滑冰馆是继 Raleigh 体育馆后的又一个预应力索网结构，该体育建筑为 20 世纪最大跨度的索网结构，如图 1-9 所示。其平面为椭圆形，长轴 135.3m，短轴 129.4m，采用单层双曲抛物面索网屋盖，承重索的垂度为 14m，采用一对 12×φ15 钢绞线，稳定索的拱度为 6m，采用 19×φ15 钢绞线。索网的网格为 6m，覆以 6m×6m 的轻混凝土大型屋面板。板缝间以现浇混凝土灌注，从而使屋面形成壳体。边缘构件采用弧形混凝土结构形成巨大的环梁。

图 1-9　加拿大卡尔加里滑冰馆

我国浙江人民体育馆（见图 1-10）、四川省体育馆（见图 1-11）和北京朝阳体育馆（见图 1-12）、FAST 射电望远镜（见图 1-13）、苏州奥体中心体育场（见图 1-14）、国家速滑馆（见图 1-15）等采用了索网结构。

1967 年建成的浙江人民体育馆采用双曲抛物面正交索网结构，索网由正交布置的下凹形承重索（主索）和上凸形稳定索（副索）相互张紧而构成。其屋盖为椭圆平面，长径 80m，短径 60m，如图 1-10 所示。同时在圈梁上设置副索投影平行的拉杆，以增强圈梁在水平面内的刚度。主、副索及拉杆均采用平行的 6 股钢绞线组成，用钢量 18kg/m^2。

(a)

(b)

图 1-10　浙江人民体育馆

（a）实景图；（b）结构简图

1988 年建成的四川省体育馆屋盖采用单层双曲悬索结构，平面尺寸 102m×86m。整个屋盖由南北对称的两个索网构成，在建筑中部沿东西方向设有两道跨度 102.45m 相互倾斜的抛物线形钢筋混凝土落地拱，周边为现浇混凝土边梁，如图 1-11 所示。其中，每个索网有 45 束承重索（主索），索长为 22～41m，10 束稳定索（副索），长度为 66～82m，每根钢索由 22 根 $\varphi5$ 高强钢丝组成。主索锚固在拱和南（北）边梁上，呈下凹曲线。副索置于主索之上，锚固在东西边梁上，呈上凸曲线。

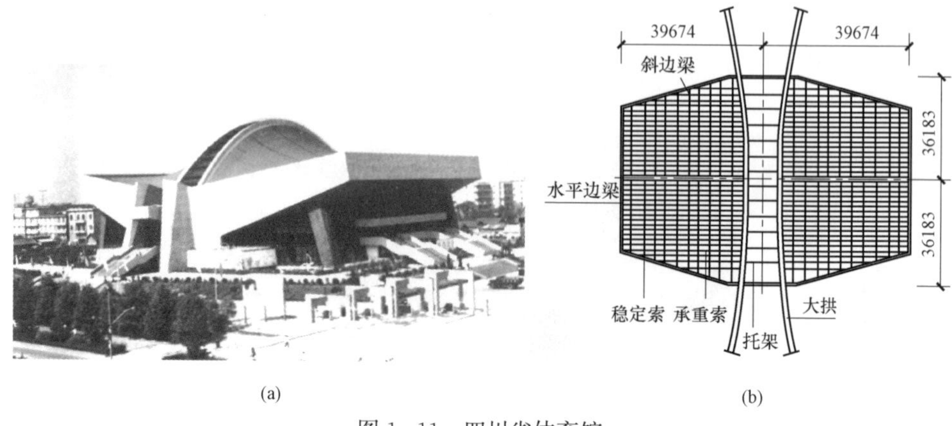

(a) (b)

图 1-11　四川省体育馆

(a) 实景图；(b) 平面图

1990 年建成的北京朝阳体育馆屋盖结构由两片双曲抛物面索网组成，平面近似椭圆形，尺寸 66m×78m，索网悬挂在中央索拱结构和外侧的边缘构件之间，如图 1-12 所示。中央索拱结构由 2 条悬索和 2 个格构式的钢拱组成。索和拱的轴线均为平面抛物线，分别布置在相互对称的 4 个斜平面内，通过水平和竖向连杆两两相连，构成桥梁形式的立体预应力索拱体系。一对钢拱被索拱体系主索上垂下的两排竖向吊杆在跨中均匀相连，成为钢拱的中间弹性支点。共布置了 44 根承重索和 18 根稳定索，承重索和稳定索截面均采用 6 根 $\varphi15$ ($7\varphi5$) 的高强钢绞线，屋盖用钢量 56.9kg/m^2。同时，中央索拱结构的 2 个钢拱之间设置透明屋面，是体育馆的中央采光带。

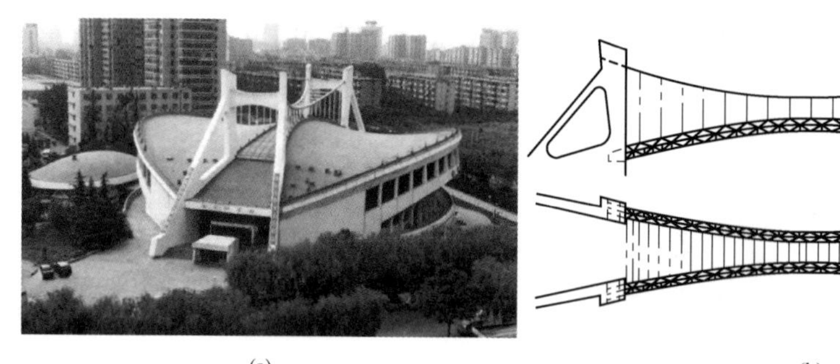

(a) (b)

图 1-12　北京朝阳体育馆

(a) 实景图；(b) 结构剖面示意

2014 年落成的 500m 口径球面射电望远镜（简称 FAST），是国家重大科技基础设施项目，利用贵州省平塘县喀斯特地貌的洼坑作为台址，建造世界最大单口径射电望远镜，如图 1-13 所示。FAST 由主动反射面系统、馈源支撑系统、测量与控制系统、接收机与终端系统四大部分构成，其中主动反射面是一个口径 500m、半径 300m 的球冠，由主体支承结构、促动器、背架结构和反射面板四部分组成。

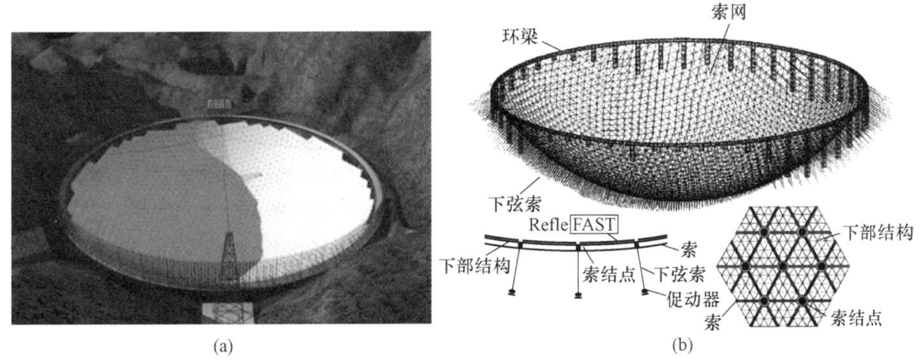

(a)　(b)

图 1-13　FAST 射电望远镜

(a) 效果图；(b) 结构示意

反射面主体支承结构包括格构柱、圈梁和索网，圈梁支承在 50 根格构柱上，用于支承索网。索网作为背架结构和反射面板的支承结构，包括主索网和下拉索，每个主索节点设一根径向下拉索，下端与促动器连接。通过促动器的主动控制在观测方向形成 300m 口径瞬时抛物面以汇聚电磁波，且抛物面可在 500m 口径球面上连续变位，实现跟踪观测。反射面的背架为单元式铝合金网架结构，每个单元的尺寸 11m 左右，简支于主索网节点上。反射面板为穿孔铝板，支承于铝合金网架杆件上。

2018 年落成的苏州奥体中心体育场建筑面积 91024m^2，可同时容纳 4.5 万人。体育场钢屋盖结构为马鞍形轮辐式单层索网结构，跨度 260m，创造了全国最大跨度的单层索网膜结构纪录以及世界上最大跨度的异形单层索网膜结构体系纪录（见图 1-14）。

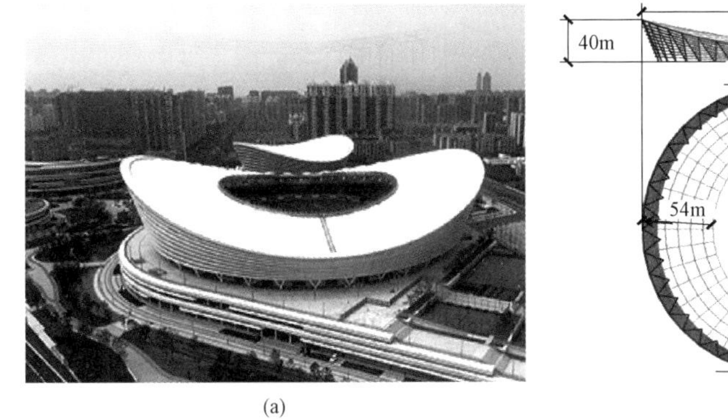

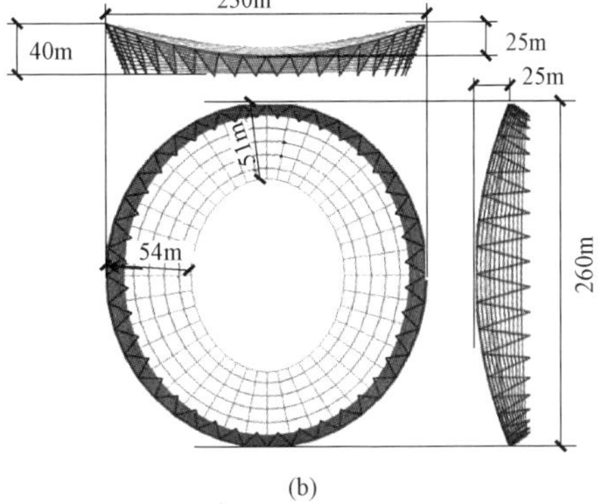

(a)　(b)

图 1-14　苏州奥体中心体育场

(a) 实景图；(b) 结构简图

体育场由地上 5 层看台结构＋钢结构屋面组成，看台的抗侧力系统为混凝土框架＋屈曲约束支撑结构。基于建筑师马鞍形曲线的设计构想，体育场的屋盖采用马鞍形轮辐式单层索网结构。椭圆形平面短方向跨度 230m，长方向跨度 260m；体育场屋盖结构主要由三部分组成：屋面覆盖拱支撑的膜结构，主体结构为外倾 V 形柱＋马鞍形外环梁＋索网，外幕墙采用格栅体系。

屋顶低点距离三层混凝土楼面 15m，高点距离楼面 40m，马鞍形高差 25m，柱采用 V 形，和外压环刚性连接。

2020 年建成的国家速滑馆作为第 24 届冬季奥运会主场馆，在 2022 年举办冬奥会期间承担速度滑冰项目的比赛和训练，赛后将成为能举办滑冰、冰球等国际赛事以及为大众提供冰上运动场地的多功能场馆。国家速滑馆地上结构的平面投影为短轴 178m、长轴 240m 的椭圆形，立面外形是由“天坛曲线”幕墙勾勒形成的“冰丝带”，屋顶为椭圆形平面的双曲抛物面（马鞍面）。支承建筑造型的主受力体系由屋顶索网、环桁架、斜拉索组成，如图 1-15 所示。幕墙结构是由竖向布置的曲线龙骨和环向布置的圆管梁组成的叠合型单层网壳，支承于环桁架、斜拉索和下部混凝土结构。

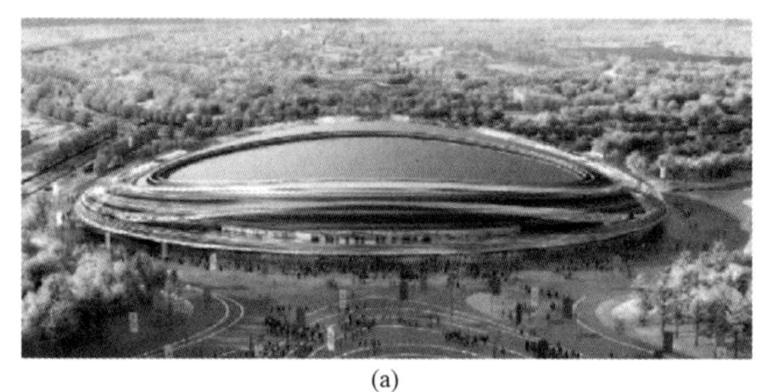

(a)

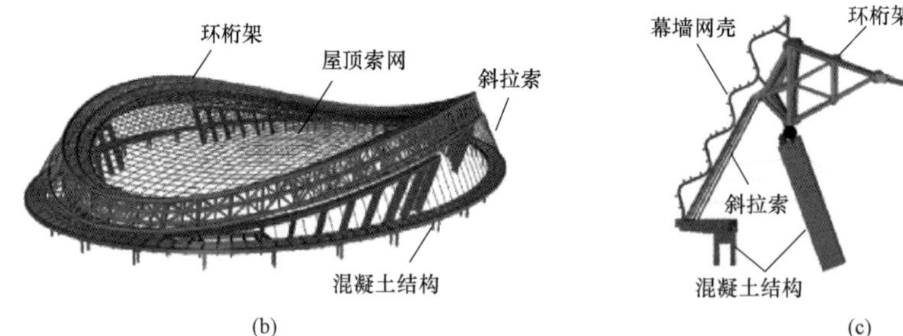

(b) (c)

图 1-15 国家速滑馆

（a）效果图；（b）结构简图；（c）剖面

对于索网结构，由构件形成的集合体自身并不具备承载能力，需要通过引入预应力来达到稳定的平衡状态，进而建立刚度、形成承载能力；同时，预应力与索网平衡状态的位形相互关联，需要通过形态分析来获得满足要求的目标位形和与之相应的预应力。

2. 双层索系

双层索系的特点是除了如单层索系所具有的承重索外，还有曲率与之相反的稳定索。因此，由一系列承重索和曲率相反的稳定索组成的预应力双层索系，是解决悬索结构形状稳定性的另一种有效形式，其工作机理与预应力索网有类似之处。

对于双层索系屋盖，当平面为矩形时，承重索的垂度可取跨度的 1/15～1/20，稳定索的拱度可取跨度的 1/15～1/25；当平面为圆形时，中心受拉环与结构外环直径之比可取 1/5～1/12，承重索的垂度可取跨度的 1/17～1/22，稳定索的拱度可取跨度的 1/16～1/26。

通过张拉承重索或稳定索，或二者同时张拉，在上下索内建立足够的预拉力，使索系绷紧共同作用。双层索系的布置方式取决于建筑平面。在施加预应力后，稳定索可以和承重索一起抵抗竖向荷载作用，从而使体系的刚度得到加强，因此可以采用轻型屋面。

承重索与稳定索可采用不同的组合方式构成上凸、下凹或凸形屋面，两索之间可分别以受压撑杆或拉索相连，主要优点是可以对上、下索施加预应力，从而提高屋盖的刚度。当平面为矩形时，双层索系由许多平行的承重索和稳定索构成，两索之间用拉索或受压撑杆相联系［见图 1-16（a)］，由于双层索系往往做成如屋架的斜腹杆形式，因此也称为“索桁架”。对于圆形平面，承重索与稳定索呈辐射状布置。中心设置受拉环，周边视拉索的布置方式设一道或二道受压圈梁［见图 1-16（b)］。北京工人体育馆是我国早期采用圆形双层索系的代表工程之一（见图 1-17）。

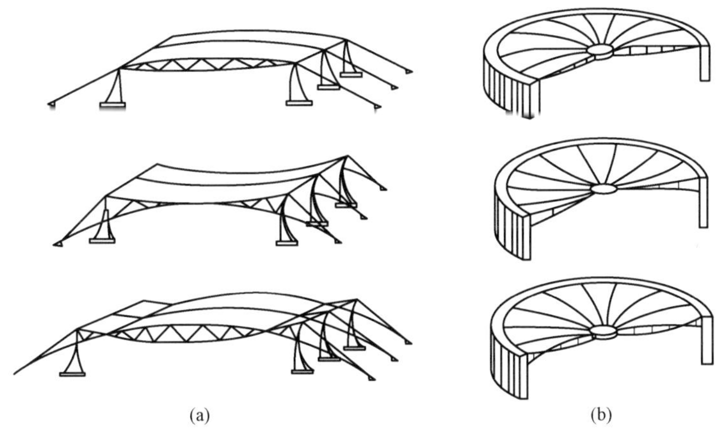

图 1-16　双层索系

(a) 矩形平面；(b) 圆形平面

1961年建成的北京工人体育馆是当时该类结构的典范。建筑面积约4万m^2，其圆形屋盖采用车辐式双层悬索体系，直径达94m，主要由双层索、中心钢环（承受拉索作用下产生的环向拉力）和周边的混凝土环梁（承受轴压力）三部分组成，用钢量$40kg/m^2$，如图1-17所示。尽管修建时间较长，但很多设计理念和结构都具有标志性的意义。2006年，为了迎接2008年北京奥运会的拳击比赛，这个昔日举世瞩目的建筑进行了改扩建，又以一副既熟悉又陌生的“容颜”展现在世人面前。

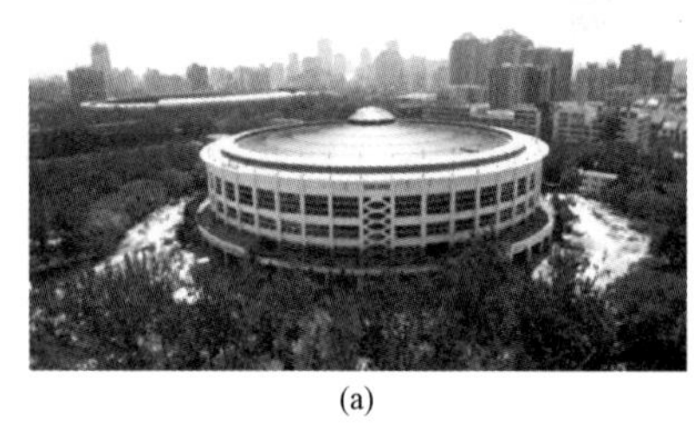

(a)

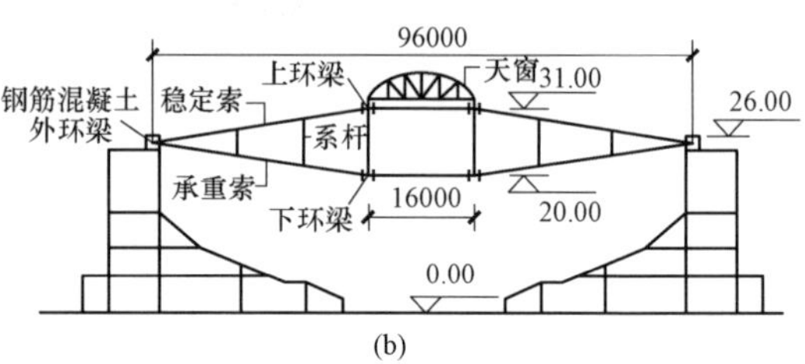

(b)

图1-17 北京工人体育馆

（a）实景图；（b）结构剖面示意

1966年瑞典工程师Jawerth首先在斯德哥尔摩滑冰馆（见图1-18）采用由一对承重索和稳定索组成被称为“索桁架”的专利体系，其后这种平面双层索系在各国获得相当广泛应用。作为对这种体系的改进，吉林滑冰馆采用了一种新型的空间双层索系，它的承重索与稳定索在不同平面内，而是错开半个柱距，从而创造了新颖的建筑造型，而且很好地解决了矩形平面悬索屋盖经常遇到的屋面排水问题。

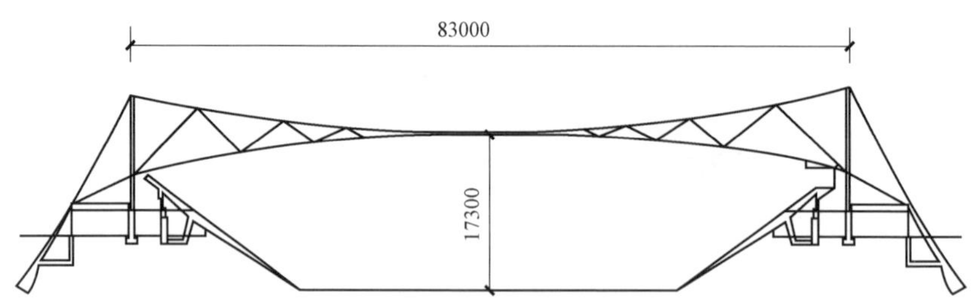

图1-18 斯德哥尔摩滑冰馆结构示意

1967年苏联在列宁格勒建成列宁格勒纪念体育馆，其平面为圆形车辐式索桁架方案，直径3m，索桁架的高跨比为1/17，这在当时被列入世界上巨型体育建筑之一。为筹办第22届奥运会，苏联又于1980年建成直径160m圆形车辐式索桁架的列宁格勒比赛馆（见图1-19），并在索桁架上弦铺设薄钢板，既作屋面防护，又使其成为与上弦索共同工作的索膜结构。

图 1-19　列宁格勒比赛馆

1987 年建成的吉林滑冰馆采用预应力空间双层索系，如图 1-20 所示。承重索与稳定索均沿矩形平面的短向布置。与一般的平面双层索系不同的是：本工程中对应的承重索与稳定索并不在同一竖向平面内，而是相互错开半个柱步布置。承重索和稳定索分别锚固在空间框架的顶端和谷部，从而形成了建筑物独特的立面造型，为下部框架提供了很大的纵向跨度。每根承重索由 18 根 $\varphi 15$（$7\varphi 5$）高强钢绞线组成，每根稳定索由 5 根 $\varphi 15$（$7\varphi 5$）高强钢绞线组成，结构用钢量 35.8kg/m^2。1986 年，中国空间结构学会在吉林召开现场会，美国、德国、日本等国的专家也专程参观。1987 年，这一结构设计被推荐参加了在美国举行的“国际先进结构展览”。

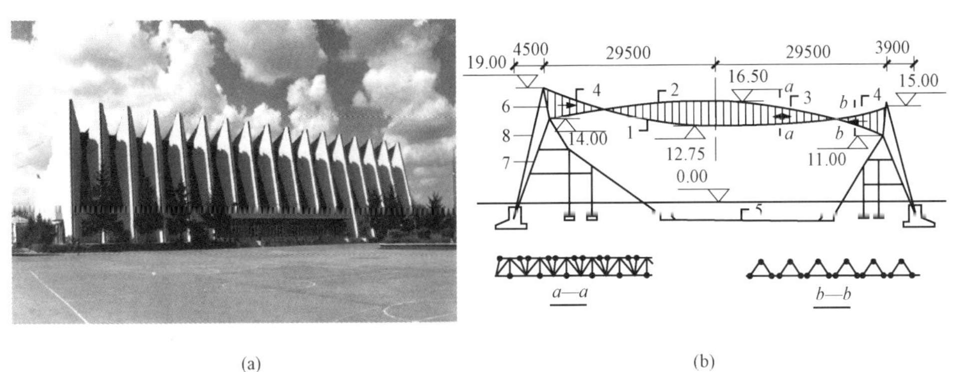

图 1-20　吉林滑冰馆

(a) 实景图；(b) 结构剖面示意

2018 年建成的石家庄国际会展中心位于石家庄市的正定新城。在建筑创作和布局上，吸取富有地域文化特色赵州桥拱的元素，以及正定隆兴寺正殿山墙的特征，将总体的设计布局以舒展的“一桥居中，两水分片”的形态进行布置。项目总建筑面积约 36 万 m^2。

整体结构由屋盖结构支撑柱、纵向自锚式悬索桁架、横向双层索桁架组成。为增大屋盖平面内刚度，设置了水平交叉支撑，柔性索体上部为刚性铝镁锰屋面。其中纵向自锚式悬索桁架为主受力桁架，横向双层索桁架为次受力桁架。纵向自锚式悬索桁架由 A 形柱、主悬索、外斜索、锚地索、桁架上下弦杆及自锚杆组成，如图 1 - 21（b）所示；横向双层索桁架由边立柱、边斜索、屋面承重索、稳定索、撑杆及水平定型拉索组成，如图 1 - 21（c）所示；横向双层索桁架间设置有屋面檩条，局部设置屋面交叉撑，中部根据建筑造型需要设置两根立柱。整个屋盖系统传力途径为屋面重力荷载由檩条传至横向双层索桁架，再由横向双层索桁架传至纵向自锚式悬索桁架，最后由其传至下部支承结构。水平力传力途径为屋盖水平撑将部分水平力传至纵向自锚式悬索桁架上弦，再传至边立柱支撑（或边斜索）及中立柱支撑抗侧力体系。整体结构组成如图 1 - 21 所示。

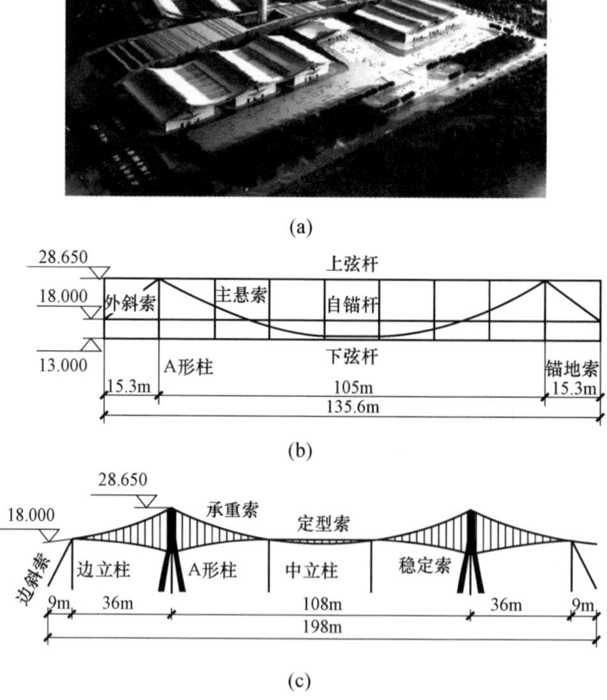

图 1 - 21　石家庄国际会展中心

（a）石家庄国际会展中心鸟瞰图；（b）纵向自锚式悬索结构示意；（c）横向双层索桁架示意

3. 横向加劲索系

在平行布置的单层悬索上敷设与索方向垂直的实腹梁或桁架等劲性构件，通过下压这些横向构件的两端并加以固定，在索与横向构件组成的体系中建立起预应力，形成横向加劲索系屋盖结构（见图 1-22），也称索梁（桁）体系。

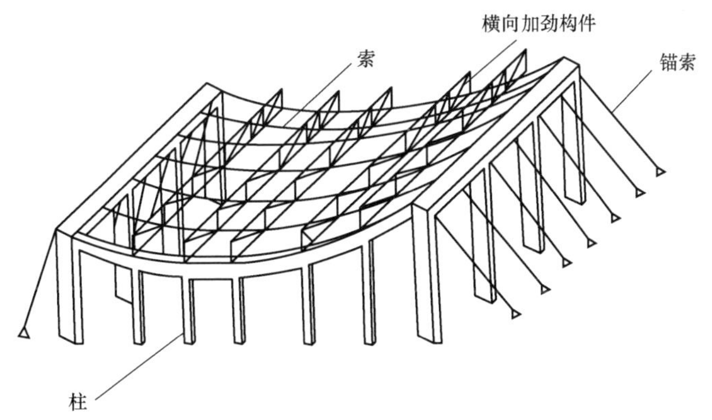

图 1-22 横向加劲索系

在单层平行索系上设置横向加劲梁（或桁架）的办法可有效提高单层悬索的形状稳定性。因此，横向加劲构件的作用有两个：一是传递可能的集中荷载和局部荷载，使之更均匀地分配到各根平行的索上；二是通过下压横向加劲构件的两端到预定位置或通过对索进行张拉，使整个体系建立预应力，从而提高屋盖的刚度。

横向加劲索系是在柔性索上布置横向劲性构件，并通过施加预应力使索与横向构件共同组成有足够的刚度和形状稳定性。因此，受力合理，用料经济，而且施工方便。影响这种受力体系性能的主要因素有：支承结构刚度、预应力、索与横向构件的刚度比等。

横向加劲索系采用轻型屋面。当平面形状为方形、矩形或多边形时，拉索沿纵向平行布置。横向加劲构件的跨度小于 30m 时，可采用梁。跨度更大时宜采用桁架。对于横向加劲索系屋盖，悬索两端支点可设计为等高或不等高，索的垂度可取跨度的 1/10～1/20，横向加劲构件（梁或桁架）的高度可取跨度的 1/15～1/25。

2008 年建成的北京南站，建筑形态为椭圆形，车站主体为钢结构，分为主站房、雨篷两部分，如图 1-23 所示。主站房为双曲穹顶，最高点 40m，檐口高度 20m，两侧雨篷为悬索结构，也是我国首次将劲性索结构运用到工程领域。雨篷南北向长 330m，单侧东西向长 130m，最高点 31.5m，檐口高度 16.5m，横向为两跨，最大跨度约 66m，且均为 1/10 垂度的圆弧形曲线，每榀纵向跨度为 20.6m。结合受力特点，雨篷钢结构采用了独特的 A 形塔架支撑体系、悬垂 H 型钢梁结构，中间设置 K 形钢管支撑。在 A 形塔架和 H 型钢之间安装了斜拉钢索，主要用来稳固钢梁。H 型钢跨度为 9.772～67.500m，最大下垂高度为 6.464m。北京南站整体钢结构总用钢量约为 6.5 万 t。

(a)

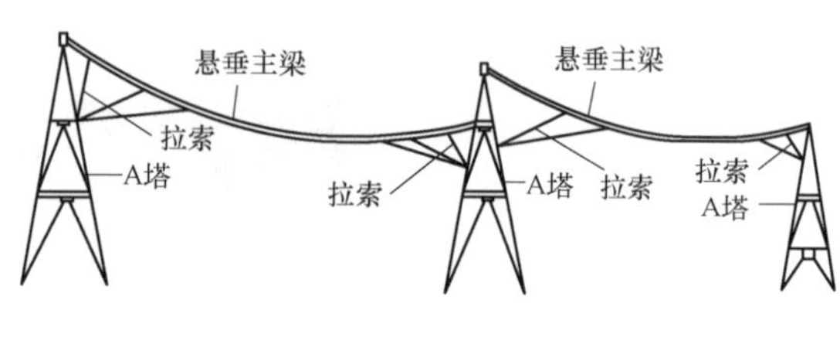

(b)

图 1-23 北京南站
(a) 实景图；(b) 结构剖面示意

1.1.2 斜拉结构

斜拉结构（cable-stayed structure）是由立柱（桅杆）顶部挂下斜拉索与其他构件共同组成的结构体系。

斜拉结构通常由塔柱（桅杆）、拉索和空间网格结构组合而成。塔柱一般独立于空间网格结构，形成独立塔柱（桅杆）。空间网格结构为网架或网壳等。斜拉索的上端悬挂在塔柱顶部，下端则锚固在空间网格结构主体上。当拉索内力较大时，也可锚固在与空间网格结构主体相连的立体桁架或箱形大梁等中间过渡构件上。

因此，斜拉索为空间网格结构提供了一系列中间弹性支承，使原空间网格结构的内力和变形得以调整，明显减少结构挠度，降低杆件内力。同时通过张拉拉索，对空间网格结构施加预应力，可部分抵消外荷载作用下的结构内力和挠度。使空间网格结构不需要靠增大结构高度和构件截面，即能跨越很大的跨度，从而达到节省材料的目的。同时斜置的拉索与高耸的塔柱可形成外形轻巧、造型富于变化的建筑形体。尤其在跨度 70～300m 范围内可充分发挥其优越性，是一种跨越能力大、经济合理的杂交空间结构体系。英国伦敦千年穹顶（见图 1-24）、浙江黄龙体育中心主体育场（见图 1-25）和浙江义乌体育场（见图 1-26）等大跨结构均采用了斜拉结构。

1999 年建成的英国伦敦千年穹顶（Millennium Dome）是世界各国为了迎接新千年的到来而兴建的一系列千禧建筑中最为著名的作品。它造型独特，气魄宏伟，辉煌一时，引起了人们的极大关注，许多人称它是 20 世纪 90 年代产生的鸿篇巨作。它是英国旅游协会评出的2000年度英国最受欢迎的收费观光景点，被誉为“伦敦的明珠”，入选全球10年十大建筑。穹顶周长为1km，直径365m，中心高度为50m，它由超过70km的钢索悬吊在12根100m高的钢桅杆上。屋顶由带PTEE涂层的玻璃纤维材料制成，如图1-24所示。

图1-24　英国伦敦千年穹顶

2000年落成的浙江黄龙体育中心主体育场采用斜拉网格结构，也是第一次大胆地将斜拉桥的结构概念运用于体育场的挑篷结构中。将斜拉结构与网壳结构有机结合，结构新颖，造型优美，使得建筑美和结构美达到和谐统一。挑篷结构由吊塔、斜拉索、内环梁、外环梁、网壳和稳定索组成，如图1-25所示。网壳一端支承于外环梁上，另一端支承在内环梁上，而内环梁由斜拉索吊拉在南北两个塔架上，塔距250m。外环梁由下部看台框架悬臂外挑。吊塔为85m高的预应力钢筋混凝土高层结构，斜拉索的上锚固端从上向下排列在吊塔上，锚固节点穿过吊塔外墙设在塔内部。为保证作为悬臂结构的吊塔的强度和刚度，在塔外侧施加预应力。其中，9根斜拉索均采用桥梁用1860级φ15.20钢绞线，9根稳定索采用桥梁用1860级5×φ15.20钢绞线。稳定索从钢管套管中穿过，从而保证屋面网壳与稳定索共同受力。张拉施工完成后，向套管内灌浆形成钢绞线保护层。

(a)

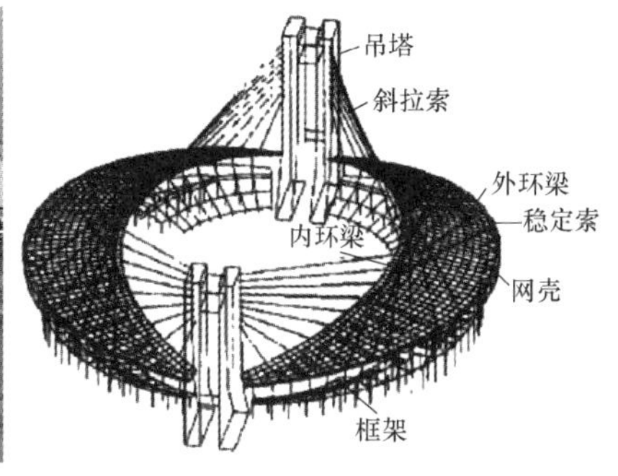

(b)

图1-25　浙江黄龙体育中心主体育场

(a) 实景图；(b) 结构简图

2001年10月竣工的浙江义乌体育场膜结构篷盖由两片沿主看台对称布置的梭状索膜结构体系组成，由钢桁架（脊）、谷索、边索、上拉索及灯光塔架共同组成的空间张拉膜结构体系，如图1-26所示。膜覆盖面积约17000m²，每片膜篷盖由大小不等的13个波浪式膜单元组成，形成自然曲面单元。钢桁架与谷索一端与看台钢筋混凝土框架外环柱连接，另一端与主内边索相连，主内边索再由上拉索与两边的灯光塔连接。通过一定的手段张紧谷索，向内部施加所需的预应力，使得整个体系产生足够的刚度，以抵御外部荷载作用，并能很好地控制结构体系的位移和变形。其中，内外边索的预应力分别为110kN和45kN，谷索预应力70kN。

(a)

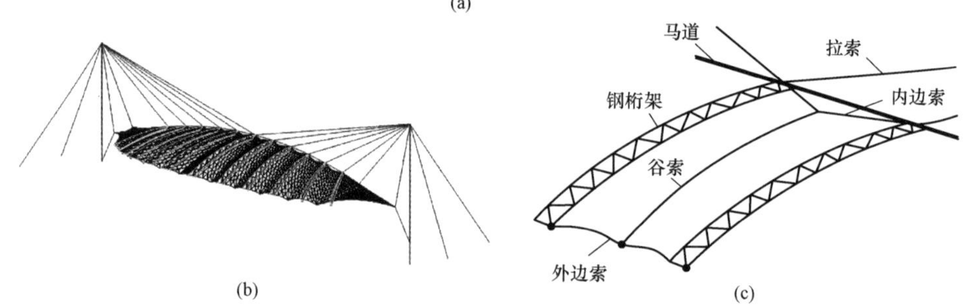

(b) (c)

图1-26 浙江义乌体育场

(a) 实景图；(b) 结构示意；(c) 屋面结构

斜拉结构主要有以下特点：①可充分发挥拉索的高强度和施加预应力的优势，以降低钢材用量；②可在网格结构区域内反向地面增加支承点，分割结构跨度，减小结构挠度，降低杆件内力峰值；③通过张拉拉索，建立预加内力和反拱挠度，可部分抵消外荷载作用下的结构内力和挠度；④在任意荷载工况下，不使拉索出现松弛而退出工作，为此通常需对拉索施加预应力；⑤在承受向上、向下风荷载都很大且由风荷载控制设计时的斜拉结构，必要时尚需设置施加一定预应力的稳定索；⑥拉索敷设宜多方位布置，切忌平面布索和单方向布索；⑦拉索的倾角不宜太小，否则将导致减弱弹性支承作用，内力过大和连接节点构造上的困难。

斜拉结构宜采用轻型屋面，可设置立柱（桅杆）升出屋面时，斜拉索可平行布置［见图 1-27（a）］，也可按辐射状布置［见图 1-27（b）］。

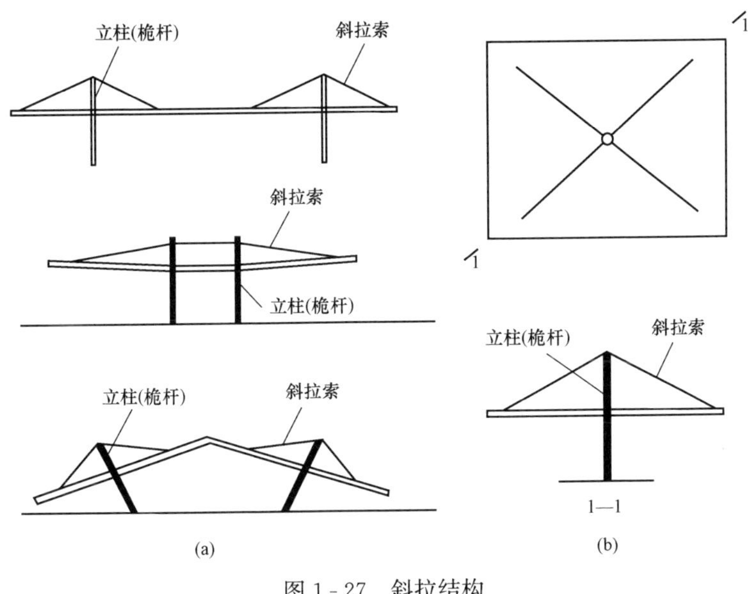

图 1-27 斜拉结构

（a）平面布置；（b）辐射状布置

1.1.3 张弦结构

张弦结构（structure with tension chord）是由上弦刚性杆件、下弦拉索以及上下弦之间撑杆组成的结构体系。

张弦结构是指上弦刚性构件（结构）与下弦索通过撑杆连接成的自平衡体系，通过对下弦索施加预应力提高结构刚度，改善上弦内力分布。它是由刚性构件（或结构）与柔性索结合成的一种预应力复合钢结构。撑杆是结构中必要构件，上弦与下弦之间通过撑杆连接。

第一个将张弦梁用于大跨度屋盖的工程——上海浦东国际机场（一期工程）航站楼（见图 1-28）自 1999 年竣工以来，此类结构在我国得到迅速发展，推动了张弦结构在大空间屋盖中的应用，是目前建筑索结构中应用最广泛、发展最快的结构形式，设计理论与建造技术趋于成熟。

1999 年竣工且投入运营的上海浦东国际机场（一期工程）航站楼的进厅、办票厅、商场和登机廊四个大空间屋盖均采用了张弦梁结构，如图 1-28 所示，其支承点水平投影跨度依次为 49.3m、82.6m、44.4m、54.3m。这是国内首次将该体系用于大跨度的屋盖。1998 年以来对张弦体系进行了大量的理论与试验研究，它的成功引起了人们广泛的关注，推动了张弦结构的发展。该工程的张弦梁上下弦均为圆弧形，上弦由 3 根平行方管组成，中间主弦为 400mm×

图 1-28　上海浦东国际机场（一期工程）航站楼

600mm 焊接方管，两侧副弦为 300mm×300mm 方管，由两个冷弯槽钢焊成。主副弦之间以短管相连。腹杆为圆钢管。上弦与腹杆均采用国产 Q345 低合金钢。下弦为一根钢索，采用国产高强冷拔镀锌钢丝，外包高密度聚乙烯，两端通过特殊的热铸锚组件与上弦连接。腹杆上端以销轴与上弦连接，下端通过索球与拉索连接。张弦梁纵向间距为 9m，通过纵向桁架将荷载传递给倾斜的钢柱或直接支承在混凝土剪力墙上。

张弦结构其受力特点可归纳为：发挥刚性和柔性两类材料的受力特性；施加预应力，提高结构刚度；给刚性压弯构件（或结构）提供跨中弹性支承，改变弯矩分布，降低弯矩峰值；利用结构自平衡特性减小支座端的水平推力。

张弦结构宜采用轻型屋面。屋盖平面可采用方形、矩形、圆形或多边形。张弦结构的上弦应为刚性构件，下弦应为拉索，上下弦之间以撑杆相连。根据不同的上弦构件，张弦结构可采用如下形式：张弦梁［见图 1-29（a）］、张弦拱［见图 1-29（b）］、张弦桁架［见图 1-29（c）］和张弦网壳［见图 1-29（d）］。

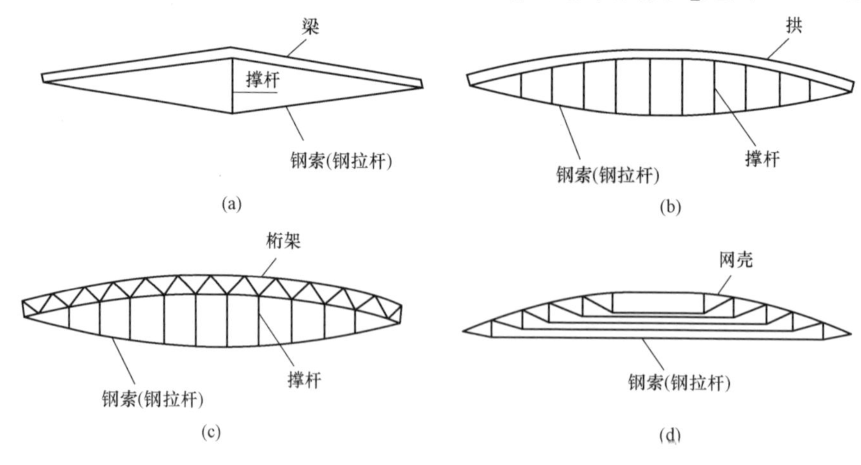

图 1-29　张弦结构形式

（a）张弦梁；（b）张弦拱；（c）张弦桁架；（d）张弦网壳

张弦结构可按单向、双向和辐射式布置，以适应不同形状的平面。可分为单向张弦结构、双向张弦结构和空间张弦结构。

1. 单向张弦结构

上弦由梁、拱、桁架或立体桁架构成的张弦结构属于单向受力，一般平行布置，辅以支承系统保证结构平面外稳定。如 2002 年建成的哈尔滨国际会展体育中心主馆屋盖，跨度 128m（见图 1-30）；2009 年建成的上海世博会主题馆西展厅屋盖，跨度 126m（见图 1-31）。提高单向张弦结构的平面外刚度和抗风能力是该类结构应用中必须引起重视的问题。许多工程设计成空间体系，来提高单向张弦结构的平面外刚度。

2002 年建成的哈尔滨国际会展体育中心，为了满足建筑的大空间要求，采用一端简支于混凝土柱、另一端简支于人形摇摆柱的大跨度平面张弦桁架，跨度 128m。该体育中心是 21 世纪初张弦结构的跨度之最。哈尔滨国际会展体育中心主馆钢结构屋盖结构由 35 榀张弦桁架组成，桁架总长达 140m，单榀桁架重约 154t，桁架间距 15m。平面尺寸 510m×138m，如图 1-30 所示。桁架最高点标高为 36m，张弦桁架单重达 1540kN。张弦桁架的上弦和下弦为 φ480×(12～22)mm 的无缝钢管，材质为 Q345-D。桁架弦杆与腹杆间为相贯焊接连接，拉索为 φ7×397 高强度低松弛镀锌钢丝束。拉索截面面积为 16895mm^2，拉索抗拉强度 1570MPa。支座节点及拉索与桁架弦杆相交节点采用铸钢件，铸钢材质为 GS-20Mn5。

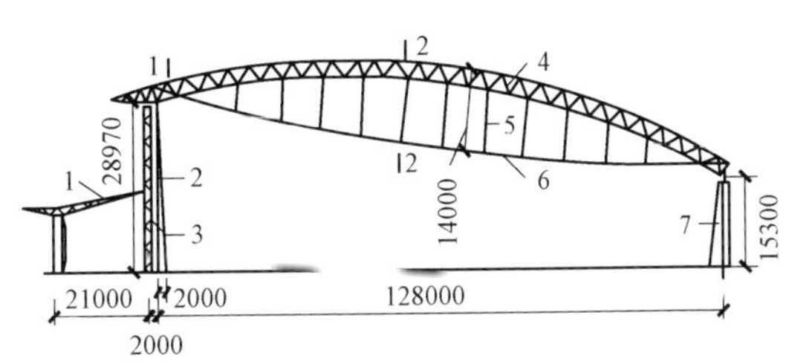

图 1-30　哈尔滨国际会展体育中心

1—玻璃连廊轻型钢架；2—人字形摇摆柱；3—玻璃幕墙支承桁架；4—空间桁架；5—撑杆；6—拉索；7—剪力墙

2009 年建成的上海世博会主题馆为世博会“一轴四馆”核心建筑群的重要组成部分。根据建筑空间功能划分，主题馆上部空间自西向东依次分为西侧展厅、中厅、东侧展厅。西侧展厅为 126m×180m 室内无柱大空间，成为国内最大跨度展厅之一，如图 1-31 所示。通过方案比选，西侧展厅选择单向张弦桁架结构体系，既能满足结构性能要求，又能实现建筑形态和结构造型的协调统一。

将西侧展厅张弦桁架中上弦正放三角形立体桁架向东侧屋面延伸，从而形成了长度为 270m 的 4 跨连续桁架梁。其中，126m 跨度的索撑张弦桁架由 V 形撑杆、拉索和刚性立体桁架组成，通过合理调整拉索预张力，优化了刚性立体桁架受力，提高了施工效率，拉索采用 $\varphi5\times409$ 平行钢丝束，极限强度为 1670MPa。另外，在相邻的两榀桁架之间，布置间距为 3m 的方钢管檩条作为屋面维护结构的支承结构，檩条一端支承在桁架的上弦，另一端支承在桁架的下弦，从而自然地实现了屋面的波浪造型。屋盖用钢量为 110kg/m^2。

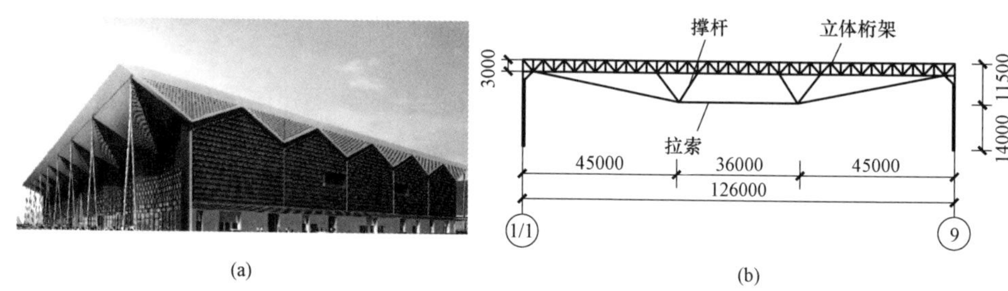

图 1-31　上海世博会主题馆

(a) 实景图；(b) 结构剖面示意

2. 双向张弦结构

双向布置张弦体系克服了单向结构平面外刚度小的弱点，一般采用正交布置［见图 1-29 (b)］。2003 年北京市建筑工程研究院进行了此类结构的试验研究，近年来有了一些应用。2007 年建成的国家体育馆采用了 114m×144.5m 的双向张弦结构，横向 14 榀，纵向 8 榀，成为当时世界上跨度最大的双向张弦结构（见图 1-32）。

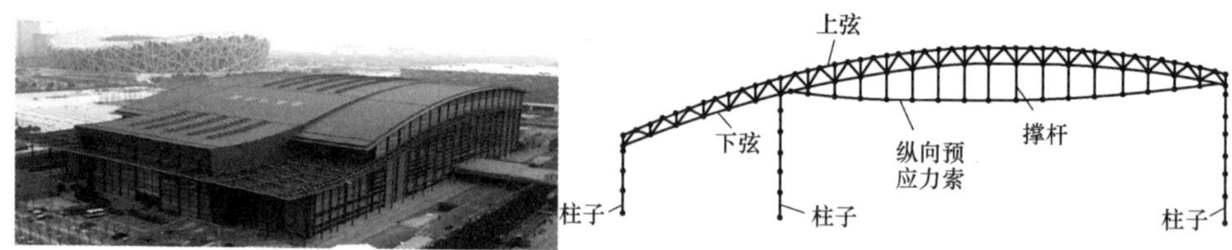

图 1-32　国家体育馆

2007 年建成的国家体育馆是北京 2008 年奥运会三大比赛场馆中，建筑方案、结构方案以及施工图设计完全由国内设计单位独立完成。体育馆在功能上划分为比赛馆和热身馆两部分，但屋盖结构在两个区域连成整体，即采用正交正放的空间网架结构，连续跨越比赛馆和热身馆两个区域，形成一个连续跨结构。空间网架结构在南北方向的网格尺寸为 8.5m×8.5m。其中，比赛馆的平面尺寸为 114m×144m，跨度较大，为减小结构用钢量，增加结构刚度，充分发挥结构的空间受力性能，在空间两向正交正放圆钢管网架结构的下部还布置了双向正交正放的钢索，如图 1 - 32 所示。拉索通过钢桅杆与其上部的网架结构相连，形成双向张弦空间网格结构。其中最长桅杆的长度为 9.237m，拉索形状根据桅杆高度，通过圆弧拟合确定。在热身馆区域，不包括悬挑结构，结构跨度为 51m×63m，跨度较小，空间网架结构的高度与跨度比较协调，不需要在网架结构下部布置拉索。

3. 空间张弦结构

上弦是单层网壳或空间桁架体系，下弦索承体系采用多向或空间布置形成空间工作［见图 1 - 33（c）］。弦支穹顶是目前运用比较广泛的一种结构形式。空间张弦结构在设计与建造过程中，预应力损失以及支座的合理使用是值得注意的问题。

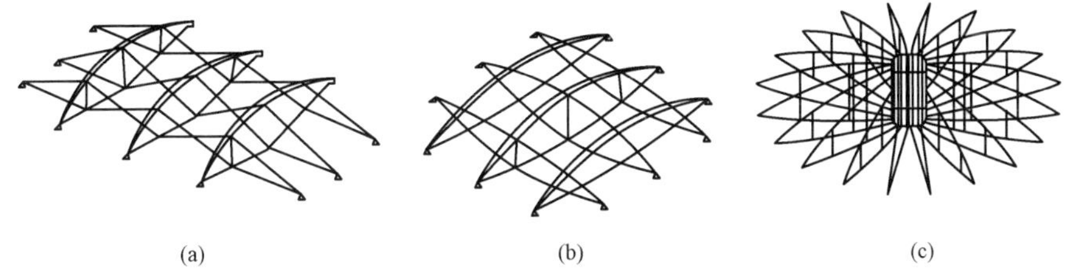

(a)　(b)　(c)

图 1 - 33　张弦结构布置方式

（a）单向布置；（b）双向布置；（c）辐射布置

弦支穹顶结构体系是网壳与索穹顶的综合体，属于杂交结构。与普通的空间桁架结构相比，弦支穹顶结构的构件和节点数量少，加工制作的难度与工作量大大降低。与单纯的网壳结构相比，弦支穹顶引入了预应力拉索和压力撑杆，极大地降低了支座的水平推力，减小了下部结构的负荷，同时调整了网壳的内力分布状况，使网壳构件的受力趋于均匀，提高了材料使用效率。预应力拉索和撑杆分别是拉压构件，材料使用率极高。由于存在刚性的网壳部分，因此与完全柔性的索穹顶相比，施工的难度与复杂性大大降低。

2008 年建成的济南奥林匹克体育中心体育馆，跨度达到 122m（见图 1 - 33），是当时世界上跨度最大的此类结构。2009 年竣工的广州南沙体育馆（亚运会武术馆），跨度 98m（见图 1 - 36），采用张弦梁辐射布置，辅以中央拉环的结构形式。利用张弦结构的自平衡特性，该工程采用双层结构的做法，有效地减小了结构高度。

2005 年建成的安徽大学新校区体育馆建筑造型呈钻石形，平面为正六边形，六边形边长 47.77m，柱网外接圆直径 87.757m，屋盖最大挑檐长度 6m，总高 29.840m，檐口标高 18.290m，如图 1 - 34 所示。下部为钢筋混凝土框架结构，共有 30 根圆截面柱子按长度均匀布置在六条边上，六个角柱直径 900mm，其他柱直径 700mm，柱顶标高均为 14.800m。屋盖采用弦支穹顶结构，局部屋面凸出，屋盖中央设置正六边形的采光玻璃天窗，其外接圆直径 24m。该结构在屋脊处对称地设置 6 道脊梁，截面为□750×350×12×16，其中在玻璃采光顶区域的截面为□500×200×8×10。沿脊梁从外到内，按间距递增 10%的规律设置 5 道环索、斜拉索及撑杆。撑杆上端与脊梁铰接，下端与环索和斜拉索连接，布索方式与屋盖的平面形状协调一致，简洁明了。内外环形桁架与主脊梁及拉索共同构成了结构的主骨架。因为支座水平推力很小，所以采用了固定铰支座，也保证了与下部结构有良好的整体性。除外环桁架的弦杆、腹杆以及外檐封口杆为圆钢管外，其他构件均为箱形截面。

(a)

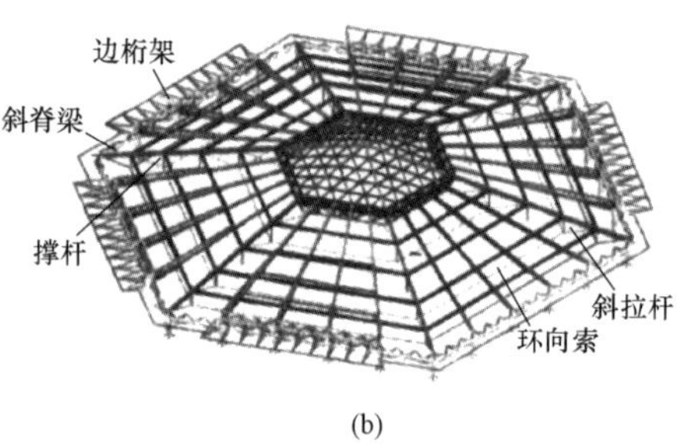

(b)

图 1-34 安徽大学新校区体育馆

(a) 效果图；(b) 结构简图

2007 年通过验收的北京工业大学体育馆为 2008 年奥运会比赛场馆，承担着奥运会羽毛球和艺术体操的重任。不但场馆建筑、结构、空调、照明等所有专业设计和施工均由我国自主完成，还创造性地采用了世界领先的科技。主馆屋顶为球壳型，跨度 93m，矢高为 11m，采用上弦单层球面网壳及撑杆、径向索、环向索组成的大跨度弦支穹顶结构，如图 1-35 所示。外挑的两翼结构采用悬挑变截面工字形钢梁体系，悬挑部分长度不等，最大悬挑尺寸为 15m。设计中对环索和径向索的预应力值同时进行优化。主馆网壳标准节点大部分采用螺栓球节点，索与撑杆连接节点采用铸钢节点，撑杆高度 319m，网壳焊接空心球节重量主要受空心球直径控制，设计采用的葵花形网壳，每个节点一般有 5～6 个杆件相交。为了使空心球直径最小，网格优化尽量将杆件夹角控制在 50°～90°。热身馆选择长跨 55m、短跨 45m，矢高 7m 的葵花形单层网壳结构，简洁明快，节点形式采用圆钢管相贯焊接。体育馆整个屋盖钢结构体系用钢量在 50kg/m^2。

2008 年建成的济南奥林匹克体育中心体育馆采用弦支穹顶结构，跨度 122m，成为当时世界最大跨度的弦支穹顶结构。屋面最高标高约为 45m，采用覆盖直立锁边的铝合金屋面。本工程上部单层网壳为 Kiewitt 形和葵花形内外混合布置形式，索杆张拉体系为肋环形布置，如图 1-36 所示。为了改善结构的动

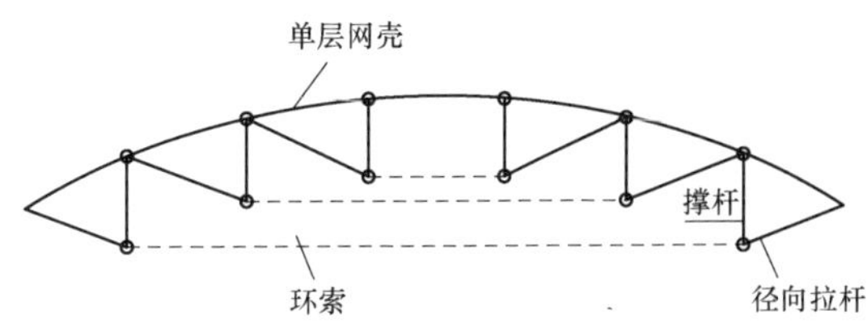

图 1-35　北京工业大学体育馆

力特性，在径向马道支承点和相邻的竖向压杆的上节点之间设置斜拉构造钢棒，约束下部索杆体系的环向扭转振动。弦支穹顶为刚柔杂交索杆梁体系，上部单层网壳承担了大部分的荷载，力流由其传递。上部单层网壳及竖杆均采用 Q345B。设置下部索杆后，稳定性得到改善。在屋盖边缘处，由于下部结构对壳体的约束作用致使杆件内力较大，该处采用高强度普通松弛冷拔镀锌钢丝（$\varphi 5$），抗拉强度不小于 1670MPa，屈服强度不小于 1410MPa，拉索弹性模量不小于 1.9×10^5MPa。弦支体系中构造钢拉杆强度等级：抗拉强度不小于 470MPa，屈服强度不小于 345MPa。

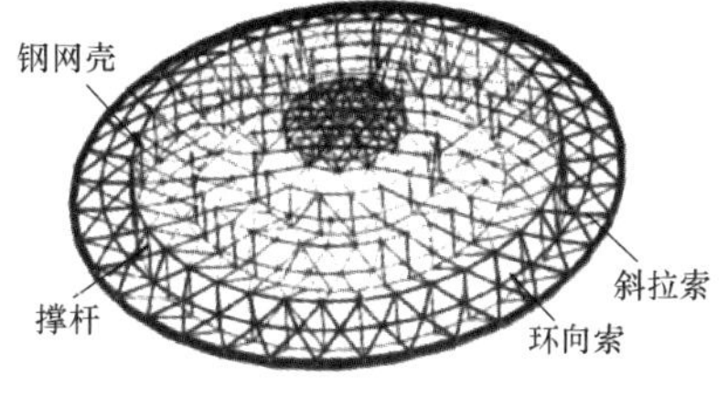

图 1-36　济南奥林匹克体育中心体育馆

2009 年建成的广州南沙体育馆是 2010 年广州亚运会武术比赛场馆。其外壳的 9 个曲面单元，单元间片片层叠，并分为南北两组，以比赛大厅圆心为中心呈螺旋放射状展开。钢屋架采用双层轮辐式空间张弦结构。由外、内两层直径分别为 98m 和 41.6m 的环状张弦结构叠加而成，如图 1-37 所示。外、内层环状张弦结构分别由 36 榀和 18 榀辐射状的张弦梁组成，每榀张弦梁呈三角形布置，上弦为钢箱梁，下弦为钢丝束拉索。外层每榀张弦梁上弦为截面 400m×400m×10m 的钢箱梁，下弦为 $\varphi 5\times127$ 钢丝束拉索，每榀张弦梁上弦内侧通过环向钢箱梁连接，下弦内侧通过 4 根 $\varphi 5\times187$ 的环向钢丝束拉索连接，每榀张弦梁外端架设在建筑主体结构的钢筋混凝土圈梁上。内层每榀张弦梁上弦为截面 250m×250m×10m 的径向钢箱梁，下弦为 $\varphi 5\times127$ 钢丝束拉索，每榀张弦梁下、上弦内侧端均通过环向钢箱梁连接，每榀张弦梁外端架设在外层张弦梁上弦钢箱梁内侧。

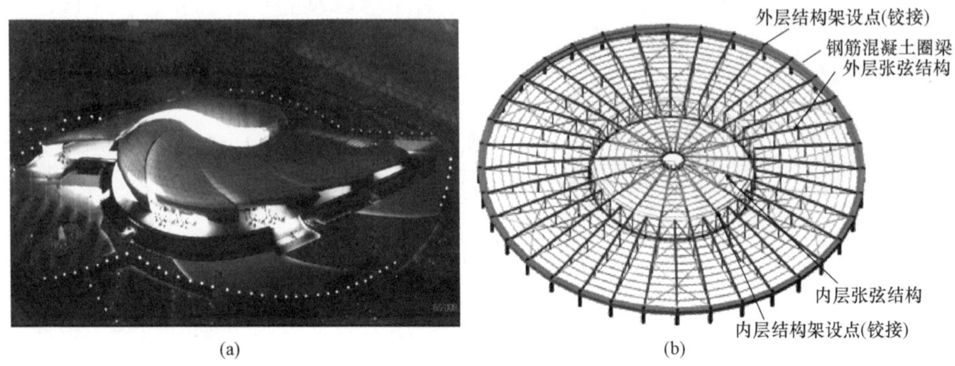

(a) (b)

图 1-37 广州南沙体育馆

(a) 效果图；(b) 结构简图

2014 年建成的徐州市奥体中心，该项目包括一场三馆，即体育场、综合训练馆、球类馆、游泳跳水馆，另外还包括配套服务设施及地下车库总共 6 个单体建筑，总占地面积 709.2 亩，总建筑面积 205513m²，建成后将作为江苏省第十八届省运会的主会场。其中体育场建筑面积 51240m²，是奥体中心当时最大的单体建筑，可以容纳 3.5 万人观看比赛。

徐州市奥体中心体育场钢结构形式为环向悬臂索承网格结构，其结构构造形式与弦支穹顶相似，也是由上部的单层网壳和下部索杆体系组合而成的一种新型杂交空间结构，可作为弦支穹顶的衍生体，适用于超大型体育场及其他公共建筑。徐州市奥体中心体育场平面外形接近类椭圆形，结构水平投影尺寸约 263m×243m，中间是类椭圆形开口，开口尺寸约为 200m×129m。体育场屋盖最大悬挑长度约为 40m，最小悬挑长度为 16m，高度为 43.277m，整个结构沿东西和南北方向对称分布，如图 1-38 所示。

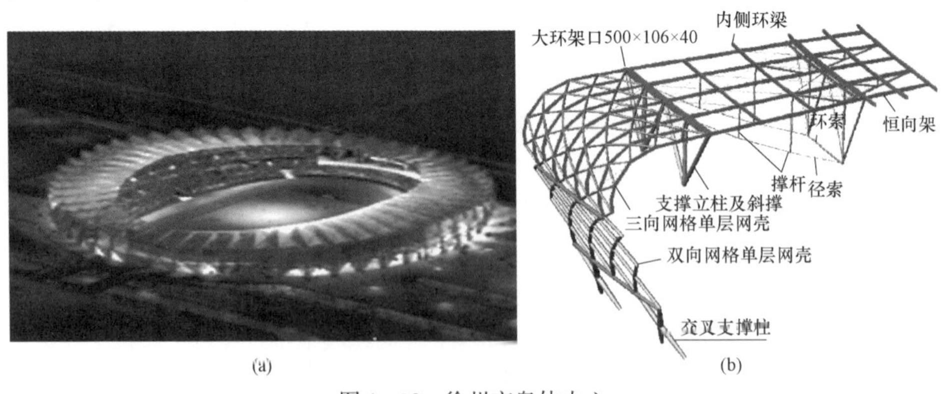

(a) (b)

图 1-38 徐州市奥体中心

(a) 效果图；(b) 结构简图

2019年建成的郑州奥体中心作为第十一届全国少数民族传统体育运动会主会场，工程总建筑面积58.4万m^2，是河南省单体建筑面积最大的公建项目，包括6万座大型甲级体育场、1.6万座大型甲级体育馆、3000座大型甲级游泳馆，建成后将与文博艺术中心、市民活动中心和郑州现代传媒中心组成郑州市民公共文化服务区“四个中心”。

郑州奥林匹克中心体育场屋盖体系属于超大跨径开口车辐式索承网格结构，采用“三角形巨型桁架＋立面桁架＋网架＋大开口车辐式索承网格”的组合结构体系，如图1-39所示。索撑网格结构南北约257.9m、南北悬挑30.8m；东西约237.0m，东西悬挑54.1m。其中，下弦索杆体系与上部单层网格构成自平衡体系，通过张拉索，在撑杆中产生向上的支撑力，对上部网格形成弹性支承，网格构件截面小。为了确保结构安全，结构采用索力健康监测系统，同时对所有节点进行索夹抗滑移测试，为目前国内技术含量较高的体育场馆之一。

(a)

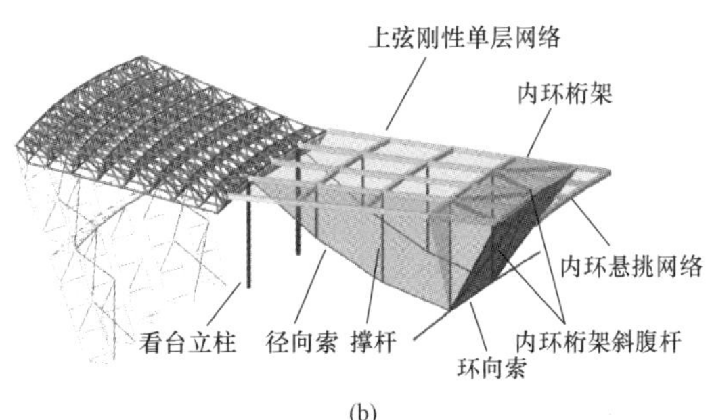

(b)

图1-39　郑州奥体中心

(a) 实景图；(b) 结构简图

1.1.4　索穹顶

索穹顶结构（cable dome）是支承在圆形、椭圆形或多边形刚性周边构件上，由脊索、环索、撑杆及斜索组成的结构体系。索穹顶作为一种受力合理、结构效率高的结构体系，它同时集新材料、新技术、新工艺和高效率于一体，被认为是代表当今国际空间结构发展最高水平的结构形式。

索穹顶结构是效率高的张力集成体系或全张力体系，因其外形类似穹顶，而主要的受力构件为拉索，因此将其命名为索穹顶。索穹顶是张拉整体概念在索网格结构中的推广，由连续的拉索和独立的压杆组成，是一种完全依赖边界支承系统的悬索结构。其单位自重并不随着结构跨度的增大而线性增大。因此，作为一种穹顶形式，它是目前最优越的大跨度体系。但是，索穹顶几乎没有自然刚度，索必须保持受拉状态以承受各种荷载工况。整个索穹顶结构除少数几根压杆外，均处于张力状态，充分发挥了拉索的强度。它由拉索和压杆组成基本单元，通过施加预应力提供刚度，形成整体张拉空间结构体系。

索穹顶结构和一般传统结构的最大区别是结构内部存在自应力模态和机构位移。结构体系可通过施加预应力得到刚化。此时结构体系内部存在一阶无穷小机构，但它仍能像传统结构一样承受一定的荷载而变形不大。也就是说，索穹顶可以通过施加预应力使结构体系得到刚化，且其预应力的大小和分布直接影响着结构的受力性能，只有结构中的预应大小和分布合理，索穹顶结构才能有良好的力学性能。

索穹顶是一种索系支承式膜结构。此时，空间索系是主要承重结构，而膜材主要起维护作用。从受力特点看，索穹顶是一种特殊形式的双层空间索系。梯形索穹顶由美国盖格（D. Geiger）首先提出，适用于屋盖平面为圆形或拟椭圆形。其中脊索与斜索、撑杆位于同一竖直平面内，脊索呈辐射状布置，环索将同一圈撑杆的下端连成一体，膜材覆盖在脊索上，谷索布置在相邻脊索之间并用于将膜材张紧［见图 1 - 40（a）］。联方形索穹顶由美国李维（M. Levy）首先提出，其中脊索被布置成联方形网格的形式，不设谷索［见图 1 - 40（b）］。

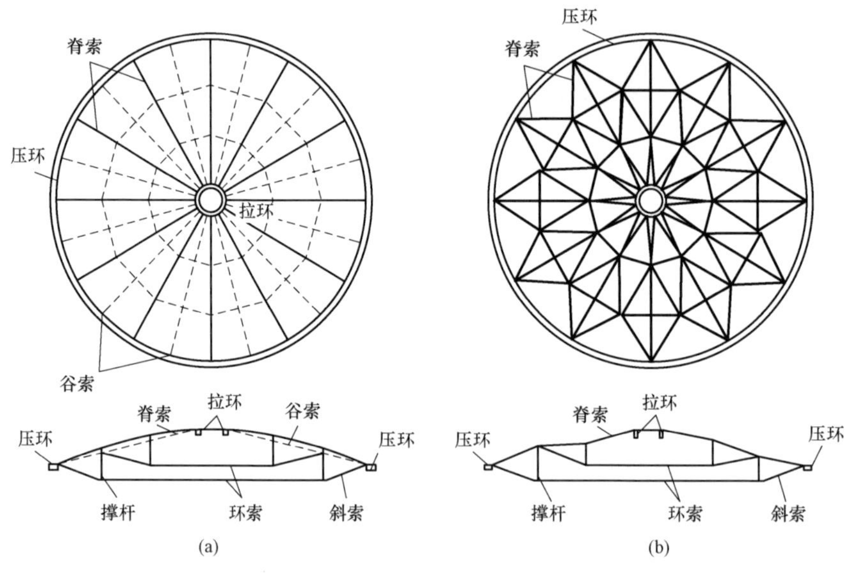

图 1 - 40　索穹顶

（a）梯形；（b）联方形

20 世纪 40 年代，Fuller 提出了整体张拉体系，继 Fuller 之后，有很多学者对此张拉体系进行了很多研究，但一直停留在理论研究阶段。20 世纪 80 年代，美国工程师 Gciger 基丁 Fuller 的这种张拉整体结构提出了一种实用的大跨度空间柔性结构体系，即支承于周边受压环梁的索杆预应力张拉整体穹顶体系——

索穹顶，从而使得张拉整体的概念首次被应用到大跨度结构当中，即汉城奥运会击剑馆和体操馆（见图 1-41）。此后美国工程师 Levy 成功设计了世界上最大跨度的索穹顶结构——佐治亚穹顶（见图 1-42）。在中国，2009 年建成的无锡高科技园区科技交流中心屋盖是第一例索穹顶结构（见图 1-43）。之后，索穹顶结构也被陆续应用到工程领域中。

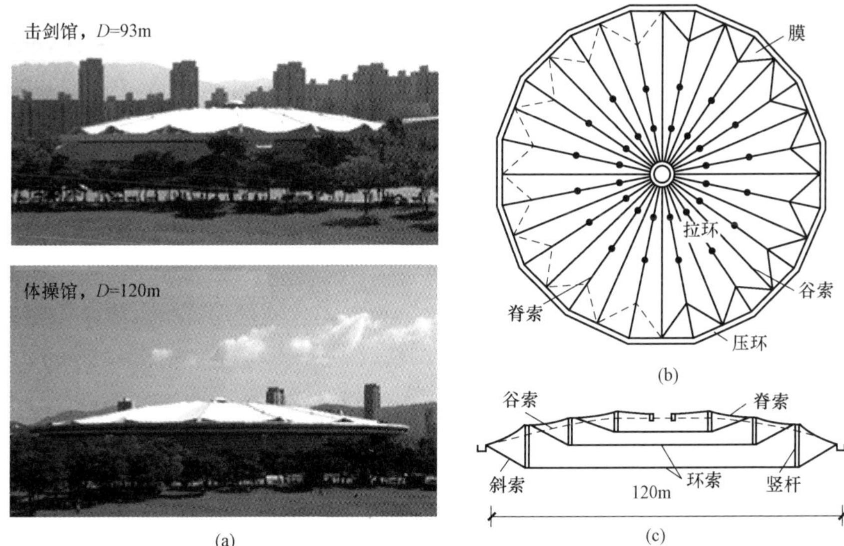

图 1-41 汉城奥运会体操馆和击剑馆

（a）实景图；（b）平面图；（c）剖面图

1986 年，索穹顶结构首次成功地应用于汉城奥运会体操馆和击剑馆，在国际工程界引起了巨大的轰动。汉城奥运会体操馆和击剑馆采用盖格（Geiger）体系索穹顶，包括径向上弦索（脊索）＋环向下弦索＋斜索和竖向撑杆，其中膜材通过设在相邻脊索间的谷索张紧，如图 1-41 所示。

随后，美国工程师 M. Levy 继承张拉整体的构想，并采用 Fuller 最初的三角形网格构想，设计了 Hyper Tensegrity 索穹顶，1996 年美国亚特兰大奥运会主馆——“佐治亚穹顶”（Geogia Dome，1992 年建成）即为其代表作。佐治亚穹顶采用椭圆形索-膜结构，其准椭圆形平面的轮廓尺寸达 192m×241m（见图 1-42）。由联方形索网、三根环索、桅杆和中央桁架构成，膜材张紧在菱形上弦索上，呈双曲抛物面形状。整个结构有 156 个全焊接节点，各自分布在 78 根桅杆的两端，其用钢量不到 $30kg/m^2$。该结构为当时世界上最大跨度的体育馆屋盖结构，被评为 1992 年全美最佳设计。令人遗憾的是，2017 年 11 月 20 日，佐治亚索穹顶以近 2250kg 炸药从内部爆破拆除。

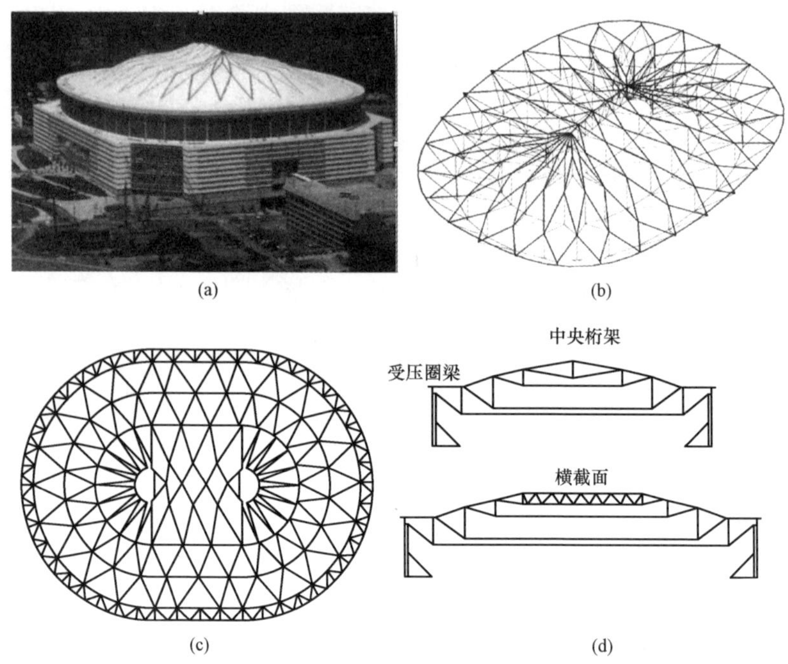

图 1-42　佐治亚穹顶

(a) 实景图；(b) 结构简图；(c) 平面图；(d) 纵面图

2009 年建成的无锡高科技园区科技交流中心屋盖建筑造型新颖，屋盖外形复杂；结合建筑及下部结构特点，屋盖钢结构花瓣部分采用桁架＋网壳组合结构，24m 直径的花蕊部分采用新颖的结构形式——索穹顶，其余的花瓣区域采用单层网壳和空间桁架的组合结构体系，如图 1-43 所示。这也是我国首次将索穹顶结构成功运用到工程领域。其中，花瓣区域沿径向布置 14 榀倒三角形空间桁架，上下弦杆采用 Q345B 圆杆，桁架之间采用单层网壳结构。花蕊区域为肋环型（Geiger 型）索穹顶结构体系，共设置 10 道上弦脊索、2 道环索、下弦斜索、压杆、外环受压环及内环、刚性拉力环。索穹顶结构平面为圆形，直径 24m，矢高 2.109m，屋面覆盖材料采用铝板和玻璃结合的刚性屋面。刚性屋面与下部索穹顶结构体系结合。所有拉索索体采用平行钢丝束拉索。撑杆采用圆钢管，上端与脊索沿径向单向铰接，下端与索夹固接。拉索索材为外包双层 PE 的 1670MPa 级半平行钢丝束。

2011 年建成的内蒙古伊旗全民健身体育中心索穹顶是我国第一个大型索穹顶工程。工程建筑总高度 30m，结构外形总体呈现下部楼层收进、上部楼层大悬挑形状。屋面为 120m×120m 正方形平面，外围采用放射状布置大跨度钢管相贯桁架结构，如图 1-44 所示。

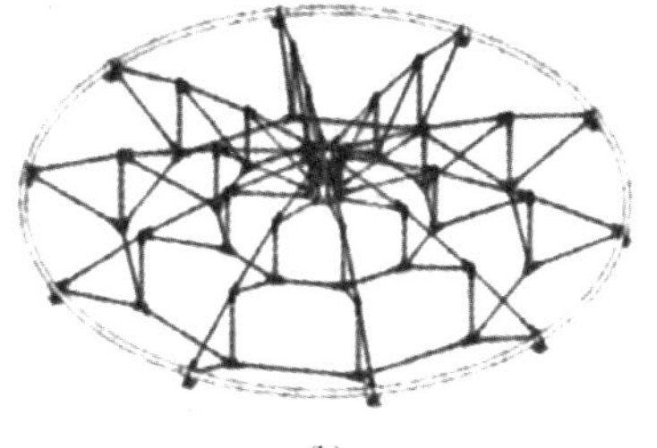

(a) (b)

图 1-43 无锡高科技园区科技交流中心

(a) 实景图；(b) 结构简图

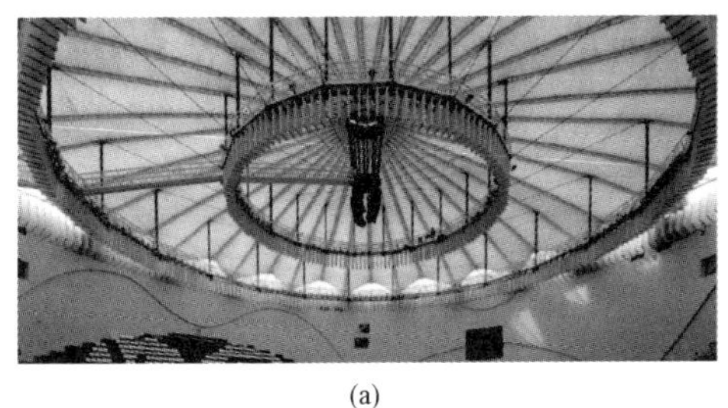
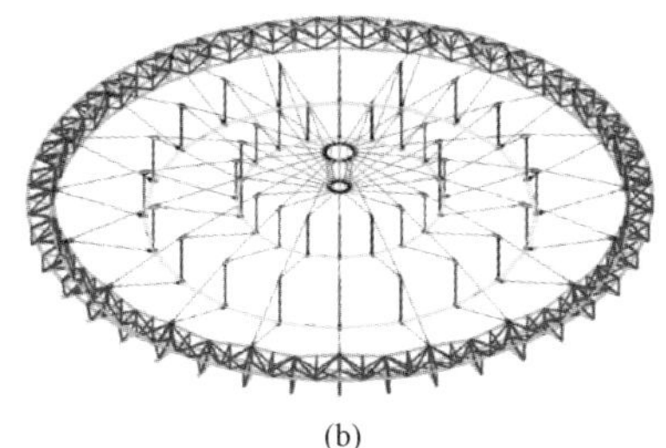

(a) (b)

图 1-44 内蒙古伊旗全民健身体育中心

(a) 实景图；(b) 结构简图

屋盖中心为跨度 71.2m 的 Geiger 肋环型索穹顶结构，矢高 5.5m，设 20 道径向索、2 道环索。由外环梁、内拉力环、环索、斜索、脊索及 3 圈撑杆组成，表面覆膜。拉索采用 Galfan 拉索，抗拉强度为 1670MPa，最大规格为 φ65Galfan 拉索，成型后径向索索力 580kN，撑杆及内拉力环材质均为 Q345B。

索穹顶结构具有合理的受力特性和极高的结构效率，是最能体现当代建筑先进材料、设计和施工技术水平的结构体系。索穹顶主体结构构成可分为四个部分：由脊索、斜索、环索组成的连续张力索网，受压撑杆，中央拉力环，周边受压环桁架或环梁。索膜次结构包括由张紧于脊索之上的膜和设置在径向脊索之间的谷索。预应力的施加使索穹顶从机构演变为能承受设计使用荷载的结构，所以张力索网是索穹顶结构的主要承力构件，它实现了“连续的张力海洋”结构力学先进理念。

2017 年建成的天津理工大学体育馆项目位于天津市西青区，是第十三届全国运动会的竞赛场馆之一，总体造型简洁舒展，寓意“学海泛舟”，屋面中部叶片状部分采用膜材屋面，其余部分采用金属屋面，膜材屋面部分整体突出于屋面，并与金属屋面间设置竖直的天窗。

体育馆主体单层，局部 3 层，下部结构采用钢筋混凝土框架；屋盖平面投影为椭圆形。屋盖周圈支承于柱顶的混凝土环梁上，周圈柱顶不等高，使环梁呈短轴高、长轴低的马鞍形，高差为 5.590m。屋面最高点标高为 30.950m。建筑外形环梁为内高外低，宽度随建筑外形变化，短轴两端最宽为 6838mm，长轴两端最窄为 4957mm。

体育馆屋盖结合建筑造型采用索穹顶结构形式，长轴 101m，短轴 82m，内设 3 圈环索及中心拉力环，最外圈脊索及斜索按照 Levy 式布置，共设 32 根，与柱顶混凝土环梁相连，内部脊索及斜索呈盖格式布置，每一圈设 16 根，如图 1-45 所示。

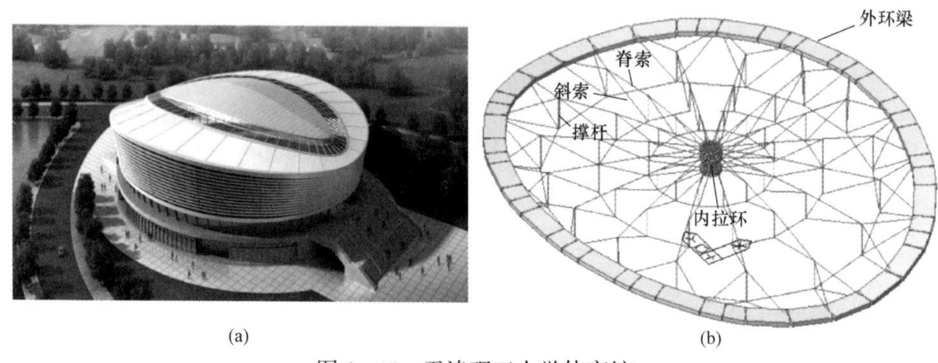

图 1-45 天津理工大学体育馆

(a) 效果图；(b) 结构简图

2017 年建成的四川雅安体育馆建筑面积约 1.4 万 m^2，坐席数约 2700 座，建筑高度 29.27m，可举行地区性综合赛事和全国单项比赛。体育馆外形呈倒圆台形，屋盖结构平面为直径约 95m 的圆形，中部为直径 77.3m 的大跨空间。该项目为“420 芦山地震”后的灾后重建项目，考虑到抗震的需求，屋盖应选择尽量轻型的结构形式；同时雅安市天全地区气候条件多雨，全年约 2/3 天数有雨，宜选择装配、非焊接的结构体系。综合以上因素，屋盖 77.3m 的大跨空间选用了索穹顶结构，并采用了金属板覆盖材料的刚性屋面系统，屋盖结构采用 Levy 式索穹顶，屋盖建筑平面呈圆形，设计直径为 77.3m，屋盖矢高约 6.5m。由外环梁、内环梁、环索、斜索、脊索及三圈撑杆组成，表面覆盖由檩条、屋面梁等组成的刚性结构，如图 1-46 所示。

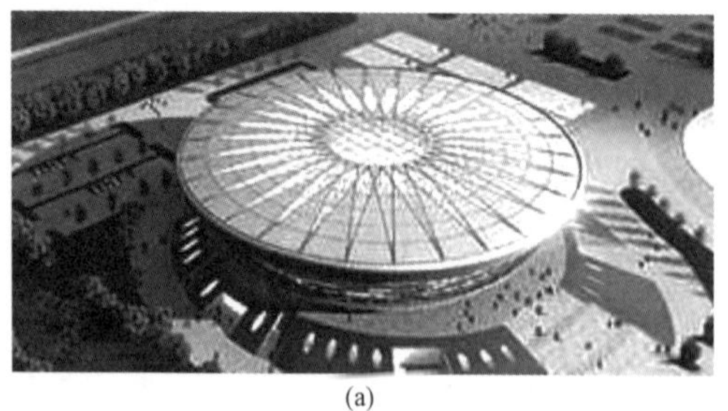

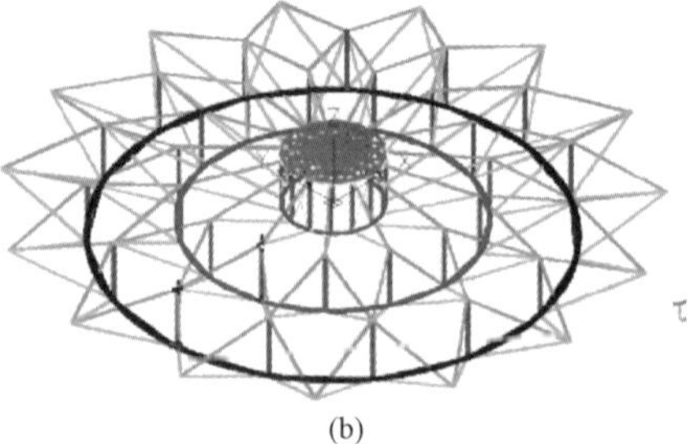

图 1-46 四川雅安体育馆

(a) 效果图；(b) 结构简图

1.2 幕墙索结构

玻璃幕墙是古老的建筑艺术和现代高科技产品相结合的产物。20 世纪 80 年代以前，建筑业一般多采用框支承玻璃幕墙。框支承玻璃幕墙的玻璃面板通过铝合金框架固定在建筑物的外墙面上。进入 80 年代以后，随着后工业时代的结束，信息、生物和太空技术相融合的高科技时代随之而来。受到这一时期各种现代艺术思潮的影响，建筑师们开始热衷于把工业化的机械精加工和建筑艺术相结合。新技术、新材料在幕墙中不断的涌现，为现代建筑赋予了无限的遐想空间，也极大地丰富了建筑师对于建筑物外立面艺术性、功能性、实用性的极致追求；并将现代的科学技术及建筑艺术的融合体现得淋漓尽致。在多元化建筑思潮的刺激下，点支承玻璃幕墙应运而生。

点支承玻璃幕墙是建筑设计、结构设计和机械设计的完美统一，它应将结构美和机械美深化到每一个细部，加以艺术精巧的组构、营造和雕塑，从而形成建筑整体的美。它追求新颖的结构形式与建筑功能要求的和谐统一，追求优美的结构形体和合理的受力性能的协调一致，同时应符合材料、构造和施工技术的发展方向。概括说，点支承玻璃幕墙主要具有以下特点：通透性好、安全性好、灵活性好、工艺感强、环保节能。

索结构幕墙作为点支承玻璃幕墙的重要分支，给人们带来轻盈通透的视觉，特别适用于大型机场航站楼、会展中心、体育馆、城市综合体、超高层等建筑中。索，一种柔性的材料，却赋予建筑刚韧的构造，古已有之。秦朝益州的夷里桥，明清的泸定铁索桥，“人悬半空，度彼决壑，顷刻不戒，陨无底谷。”便是当时对索之刚柔的形象表述。受制于材料的发展，古人虽没有太多的技术手段，但基本技艺也无时无刻地突破构造极限，创造奇迹。

20 世纪 80 年代巴黎拉维莱特公园的自平衡张拉索桁架结构幕墙体系及其球铰关节，革命性地开拓了索幕墙的新纪元。紧接着，贝聿铭大师在巴黎卢浮宫玻璃正金字塔和倒金字塔设计了双向空间张拉索桁架结构体系和单拉互连索结构体系；后来，罗杰斯高技法、SOM 精工业构件法、Foster 传统柔刚结合法等，使建筑设计与索结构创意得到完美融合。

在中国，最早出现的索幕墙是 1996 年设计的深圳招商地产售楼处和上海大剧院的钢丝绳索桁架点支承玻璃幕墙，1998 年设计出迄今为止全球单体面积最大的自平衡索桁架点支承玻璃幕墙——广州新白云机场航站楼，后来又有杭州大剧院自平衡体系曲线玻璃幕墙、国家信息网络中心平面索网玻璃幕墙、北京万通中心隐索幕墙等。直至 21 世纪初，SOM 设计完成了联想融科大厦和北京新保利大厦等大跨度复杂结构幕墙，把索幕墙构造技术推到了世界顶峰。

1.2.1 拉索桁架结构

拉索桁架结构固定于建筑主体结构上，由高强的拉索和受压的刚性撑杆组成预应力索桁架单元，再通过驳接爪与玻璃四角相连，从而承担由玻璃传来的荷载。它是通过施加预张力使其成为稳定的受力体系的一种点支承幕墙支承结构。其杆件较为纤细，通透性好，但拉索内力需要靠主体结构来平衡，因而对主体结构的刚度要求较高。为使索桁架发挥高效的结构性能，尽量减少结构的冗余度，这种结构通常是静不定且动不定结构。存在机构位移模态和自应力模态。

索桁架是一种柔性结构，必须通过施加适当预应力赋予其一定的形状，才能承受荷载，但并不是所有的结构都可以施加预应力的，因而索桁架必须是预应力结构。索桁架幕墙支承体系中，结构刚度贡献的主要部分来自初始状态的预应力，如图 1-47 所示。

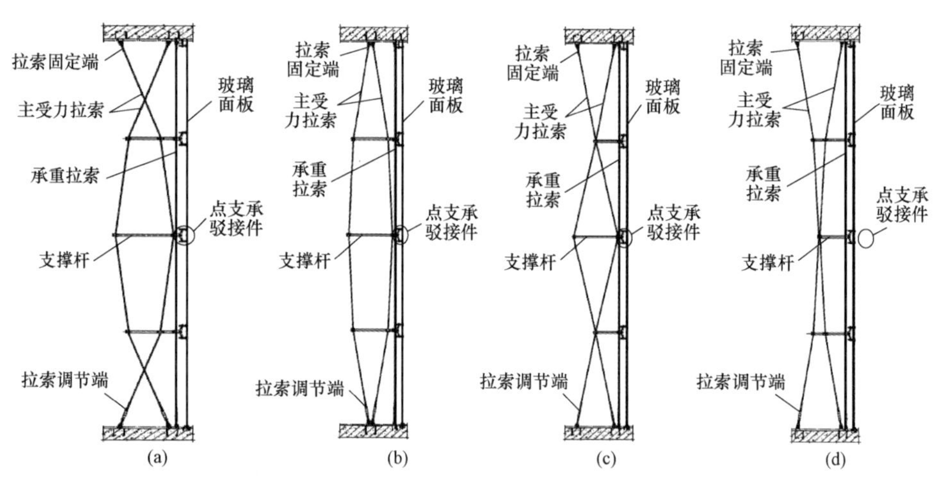

图 1-47 拉索桁架幕墙结构形式

(a) 鱼腹拉索结构；(b) 梭型拉索结构；(c) 叉型拉索结构；(d) 箭型拉索结构

拉索桁架幕墙的特点：

结构轻盈，幕墙通透性好，幕墙造价较高。受力合理明确，对结构拉力较大，建筑结构在设计时应考虑到此作用。属大挠度的柔性结构、挠度限值规范建议取 1/200。可做成较大跨度（如 20m 或更大）。但由于拉杆强度较低，做成大跨度结构时拉杆会很粗，所以，单纯的大跨度拉杆结构并不太实用。其中，昆明国际贸易中心（见图 1-48）、珠海中国移动大楼（见图 1-49）、辽宁老干部活动中心（见图 1-50）和南京森蓝绿城（见图 1-51）幕墙结构采用索桁架结构。

图 1-48 昆明国际贸易中心

图 1-49 珠海中国移动大楼

图 1-50 辽宁老干部活动中心

图 1-51 南京森蓝绿城

1.2.2 拉索自平衡结构

固定于建筑主体结构上，由可施加预张力的拉索（杆）、中心钢结构、撑杆组成的一种点支承幕墙结构形式，由于预应力和内力在体系内部是平衡的，因此称之为拉索自平衡结构（见图 1-52）。

拉索自平衡结构的特点：

这是一种刚、柔结合的结构，通过自平衡钢管和撑杆的作用可使拉索（杆）的拉力在结构内部进行自我平衡，对主体结构影响较小。外荷载主要由拉索承担；拉索可在玻璃的两侧，部分结构外露；也可在玻璃的一侧，避免了撑杆穿玻璃的问题，这种体系可用于墙面或采光顶。

减小支承结构的尺度，自平衡支承体系的中间压杆要承受很大预压力，必须采取措施保证其平面外的稳定性，可采用大截面压杆或设置平面外横向撑杆或拉索。通过增加索的预拉力或增加腹高可提高体系的刚度。当采用高强钢索时结构设计主要是由变形控制，预拉力计算要保证在各种荷载作用下，包括温度变化，拉索不发生松弛，也不发生拉力超标。

此种结构往往应用于结构不允许承受较大外力作用却要求拉索（杆）支承

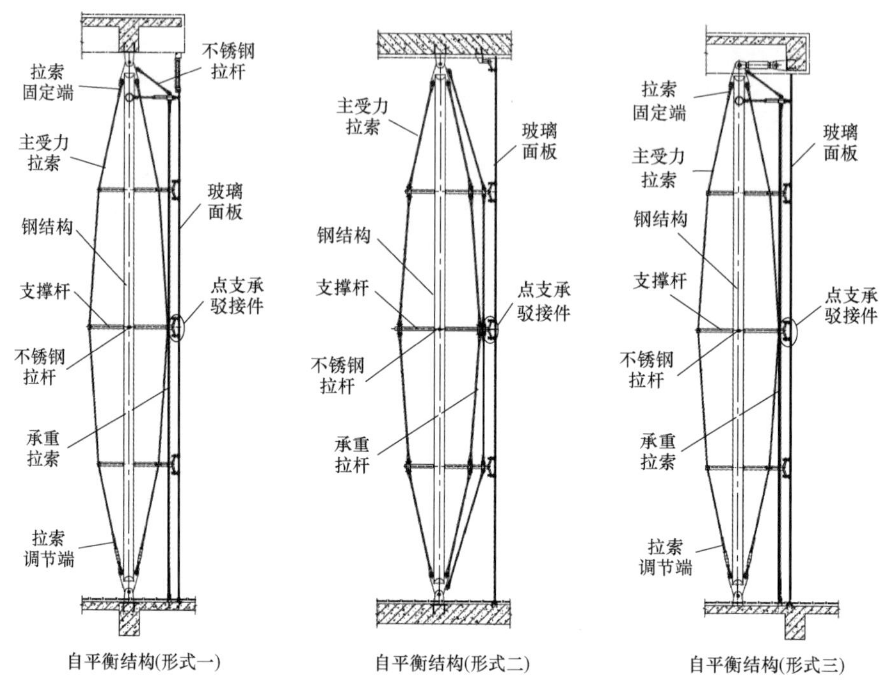

图 1-52　拉索自平衡结构

结构体系的幕墙中。属小挠度的柔性结构、挠度限值规范建议取桁架跨度的 1/250。可做成较大跨度（如 20m 或更大）。

图 1-53　北京网通大厦幕墙

图 1-54　韩国仁川机场幕墙

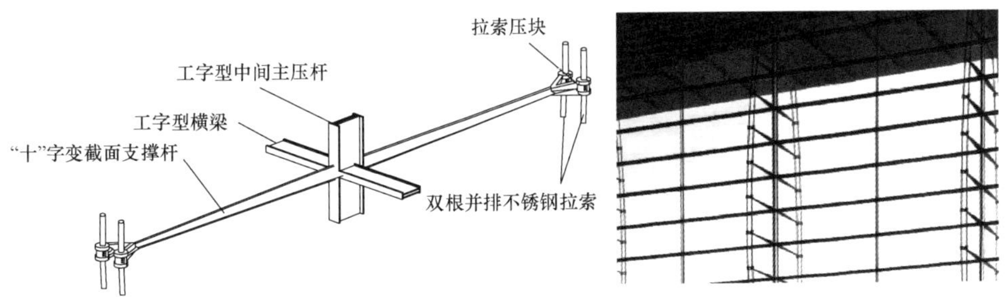

图 1-55 西安丝路会展中心

1.2.3 单层索结构

将高强的单根拉索直接固定于建筑主体结构上，在索上直接固定配件用于支承点支幕墙的一种结构。根据工程需要，可做成单层索网式或单层单向索式（见图 1-56）。

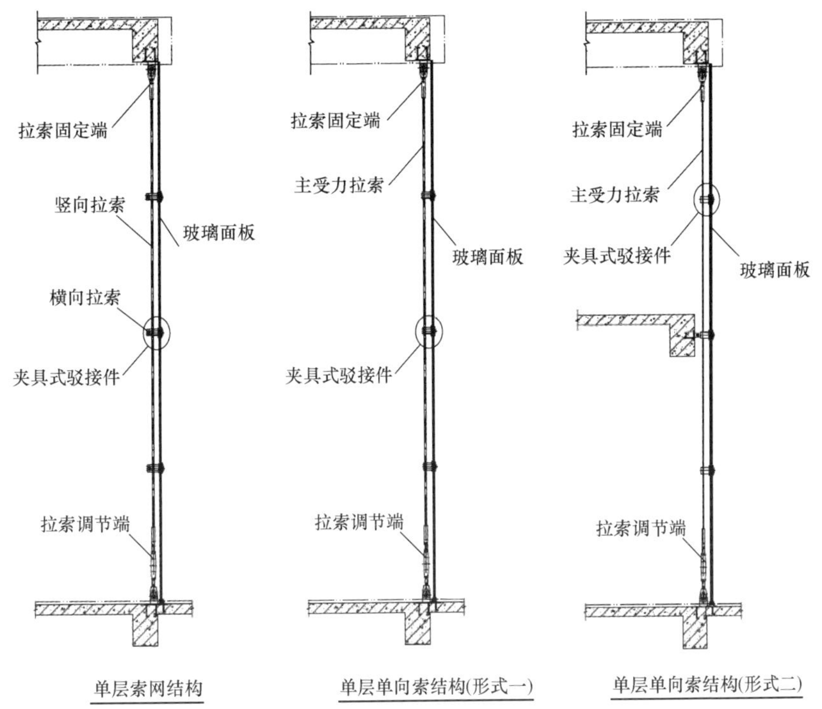

图 1-56 单层索结构体系

单层拉索结构的特点：

单单索点支幕墙采用单根单向索支承结构，整个幕墙的支承体系仅由一根索和相关支承件构成，使幕墙的通透性得到较大提高。明索单单索结构幕墙的玻璃与单索之间的距离可以设计的比较小，隐索单单索结构甚至可以做到在一个平面内，节省了大跨度支承体系所占用的室内建筑空间，是一种全新的点支承玻璃幕墙支承结构。由于其更通透、更灵活、更美观，因此得到了业主、建筑师、幕墙设计师和业内人士的青睐。

单层拉索结构简洁，幕墙通透性好，占用室内空间少，但刚度较差，对结构拉力大，属于大变形结构，一般不适宜大面积采用。在设计时，挠度限值建议取 1/45～1/80。

图 1-57 重庆江北机场 T3 航站楼幕墙

图 1-58 沈阳市府恒隆广场

图 1-59 北京金雁饭店幕墙

图 1-60　北京大兴机场幕墙

图 1-61　中石化科学技术研究中心

图 1-62　南宁吴圩机场

图 1-63　岗厦北区办公楼

图 1-64 昆明滇池国际会展中心

图 1-65 中关村文化商厦

图 1-66 深圳华安保险

1.2.4 张弦梁结构

张弦梁结构是用撑杆连接抗弯受压构件和抗拉构件而形成的自平衡结构体系，具有受力合理、承载力高、经济跨度大、制作施工方便等特点。适合于大跨度空间结构工程。随着建筑形式逐渐丰富，张弦梁结构也被广泛应用在玻璃采光顶结构中。

玻璃采光顶支承结构体系有刚性支承结构、柔性支承结构和半刚性支承结构。张弦梁结构属于半刚性结构。张弦梁结构利用拉索对结构施加预应力，使各构件内力分布比较均匀，结构刚度增加，结构挠度减小，构件截面和水平推力减少（见图 1-67）。

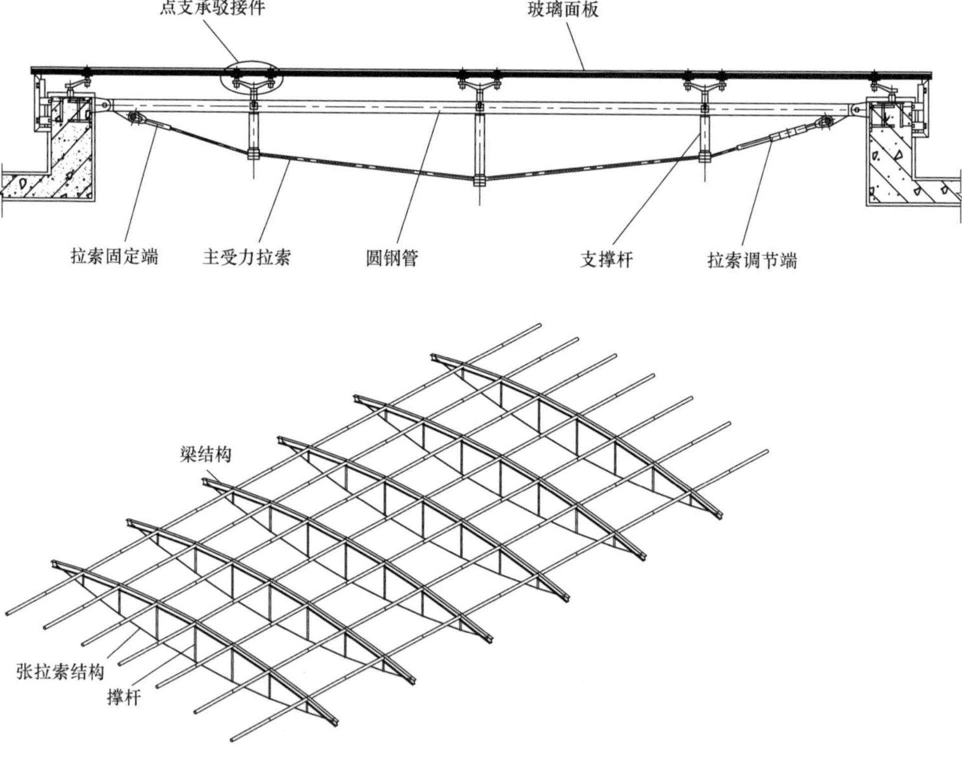

图 1-67 采光顶张弦梁结构

张弦梁结构的特点：承载力高、刚度大、对主结构的作用可有效减小。为单向受力体系，宜使用在荷载组合为单一方向的工程中，如应用在采光顶中，造价适中。

1.2.5 混合支承结构

由两种或两种以上不同类型的支承结构组成的点支玻璃支承结构。

混合支承结构的特点：可充分发挥不同类型支承结构的优点。在柔性结构中适当增加钢结构，可解决结构的承载力不足问题。刚度校核应分开进行。

图 1 - 68　某工程采光顶结构

图 1 - 69　三鑫公司深圳研发中心

图 1 - 70　沈阳方圆大厦

第二章　建筑用索材料

采用合理而高效的结构体系，或采用符合力学分布的结构形式，可使材料强度得到充分发挥，结合建筑空间营造的需要，构建“形与力相统一”的建筑表现。选用高强的材料，可用更少的材料实现更大的承载力，实现突破原有尺度的空间体验。

索结构是以受拉“索”作为主要承重构件的一类张力结构形式。即，建筑结构中应用索作为承重结构或通过张拉索对刚性结构体系施加预应力，提高或改善结构受力性能。从力学意义上来说，“索”是理想柔性，不能抗压、抗弯；从工程意义上来说，“索”是指截面尺寸远小于其长度，可不考虑抗压和抗弯刚度的构件。因此，建筑用索可以归纳为钢丝缆索、钢拉杆和劲性索。其中，钢丝缆索包括钢绞线、钢丝绳和平行钢丝束。

索结构中的索按受力要求，可选用仅承受拉力的柔性索和可承受拉力和部分弯矩的劲性索。柔性索可采用钢丝缆索或钢拉杆，劲性索可采用型钢。本章着重介绍新型柔性索的构成和工艺。

2.1　钢　丝　绳

2.1.1　起源与发展

钢丝绳无论从用途还是制作工艺都是源自绳索的应用。钢丝绳是绳索的一种，只因材料制造工艺的发展，用钢铁材料替代了纤维材料。1835 年，德国克劳斯塔尔的一名采矿工程师，阿尔伯特一直试图解决矿山运输的难题。他注意到了麻绳的优点就是受力都是沿着纤维方向平行的传递。另一方面，铁链具有非常高的强度。他试图将两种提升工具的优点结合到一起的想法，是钢丝绳诞生的第一个念头。世界上第一根钢丝绳也由此产生，即是一个由三个股构成的 18mm 直径的钢丝绳，每个股由四根直径 3.50mm 的铁丝捻成。整个捻制是由手工完成，如图 2-1 所示。

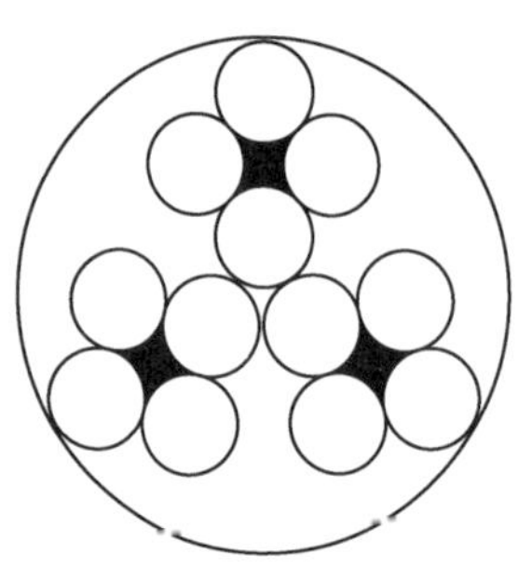

图 2-1　第一根钢丝绳的结构

随着技术的发展和需求，钢丝绳逐渐演变成以下结构形式，如图 2-2 所示。

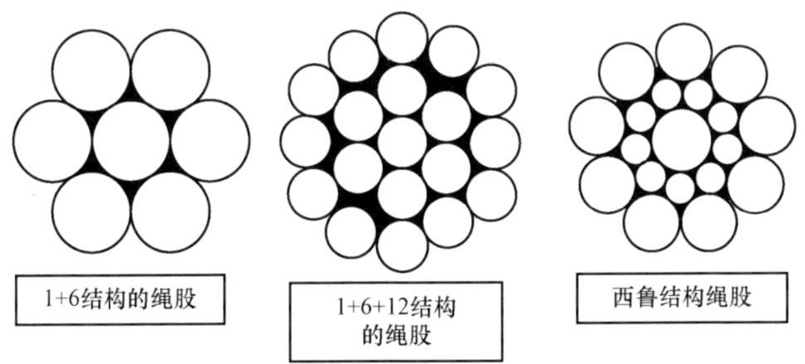

图 2-2 钢丝绳结构发展

2.1.2 钢丝绳捻法

捻绕，使钢丝绳的受力性能、变形性能较捻绕前的钢丝变差。但要使钢丝成为钢丝绳，捻绕又是不可避免的。钢丝绳的捻法主要包括以下形式。

（1）交互捻，是一种最常用的钢丝绳捻制方式。优点是不易松散和扭转性能好，且承受横向压力的能力比同向捻要好；缺点是不够柔软，使用寿命短。结构用钢丝绳多为此种。

（2）同向捻，钢丝间接触较好，表面比较平滑，柔软性好，耐磨损，使用寿命长；但是容易松散和扭曲。主要用于开采和挖掘设备中。

（3）混合捻，兼具以上两种方法的优点，但是制造困难。主要用于起重设备中。

在理论上，捻绕前钢丝束的有效破断拉力总和等于捻绕后的钢丝绳的有效破断拉力。即，钢丝绳的有效破断拉力从理论上应等于钢丝的公称抗拉强度与其金属截面积的乘积。但是，由于捻绕的缘故，钢丝绳的实际破断拉力要比理论破断拉力低 10%～20%，这种关系用捻绕效率表示如下：捻绕效率＝（钢丝绳破断拉力/钢丝破断拉力总和）×100%。

经研究得出：钢丝绳的捻绕效率取决于钢丝绳的结构形式。一般而言，在钢丝绳中，股丝数愈少，捻绕效率愈高，则钢丝绳的有效破断拉力也就愈大。

2.1.3 钢丝绳特点

常用钢丝绳拉索主要包括以下特点。

（1）钢丝绳由多股钢绞线围绕一核心绳（芯）捻制而成。

（2）核心绳的材质分为纤维芯和钢芯。

（3）结构用索应采用钢芯。

（4）钢丝绳通常由七股钢绞线捻成，以一股钢绞线为核心，外层的六股钢绞线沿同一方向缠绕。由七股 1×7 的钢绞线捻成的钢丝绳，其标记符号为 7×7。常用的另一种型号为 7×19，即外层 6 股钢绞线，每股有 19 根钢丝。

2.1.4　钢丝绳力学性能

（1）钢丝绳是由多股钢丝围绕一核心绳芯捻制而成，绳芯可采用纤维芯或金属芯。纤维芯的特点是柔软性好，便于施工，特别适用于需要弯曲且曲率较大的非主要受力构件，但强度较低，纤维芯受力后直径会缩小，导致索伸长，从而降低索的力学性能和耐久性。

（2）由于其截面含钢率偏低（约为60%），且钢丝的缠绕重复次数较多，捻角也较大，因而强度和弹性模量均低于钢绞线。

（3）研究表明，钢丝绳的纵向伸长量要比同样的直钢丝束大得多。说明钢丝绳的纵向弹性模量远较钢丝的纵向弹性模量小，并且还不是一个恒定值。钢丝绳的弹性模量比单根钢丝降低50%～60%。同时，单股钢丝绳拉索的弹性模量应不小于1.4×10^5MPa，多股钢丝绳拉索的弹性模量应不小于1.1×10^5MPa。

（4）钢丝绳的质量、性能应符合《一般用途钢丝绳》GB/T 20118的规定，密封钢丝绳的质量、性能应符合《密封钢丝绳》YB/T 5295的规定，不锈钢钢丝绳的质量、性能应符合《不锈钢丝绳》GB/T 9944的规定。

（5）钢丝绳索体可分别采用图2-3的单股钢丝绳、密封钢丝绳、多股钢丝绳。钢丝绳索体应由绳芯和钢丝股组成，结构用钢丝绳应采用无油镀锌钢芯钢丝绳。

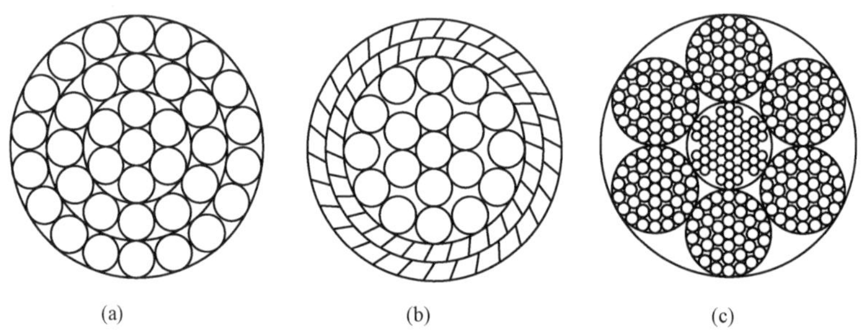

图2-3　钢丝绳索体截面形式

（a）单股钢丝绳；（b）密封钢丝绳；（c）多股钢丝绳

（6）钢丝绳的极限抗拉强度可分别采用1570MPa、1670MPa、1770MPa、1870MPa、1960MPa等级别。

（7）钢丝绳的静载破断荷载应不小于索体公称破断力的95%，其静载破断延伸率应不小于2%。

（8）钢丝绳应能弯曲盘绕，索体不得有明显变形，索盘直径不应小于索体直径的20倍。

（9）钢丝绳索体应根据设计要求对索体进行测长、标记和下料。当设计提供应力状态下的索长时，应进行应力状态标记下料，或经弹性伸长换算进行无应力状态下料。当设计对拉索有环境温度有要求时，在制作成品必须考虑温度修正。

2.2 平行钢丝束

2.2.1 钢丝束的制作及特点

(1) 钢丝束拉索是由若干相互平行的钢丝压制集束或外包防腐护套制成，断面呈圆形或正六角形。平行钢丝束通常采用由7、19、37或61根直径为5mm或7mm高强钢丝组成，钢丝可为光面钢丝或镀锌钢丝，钢丝束截面钢丝呈蜂窝状排列。钢丝束的HDPE护套分为单层和双层。双层HDPE套的内层为黑色耐老化的HDPE层，厚度为3～4mm；外层为根据业主需要确定的彩色HDPE层，厚度为2～3mm。钢丝束拉索以成盘或成圈方式包装，这种拉索的运输比较方便。

(2) 在索结构中最常用的是半平行钢丝束，它由若干根高强度钢丝采用同心绞合方式一次扭绞成型，捻角2°～4°，扭绞后在钢丝束外缠包高强缠包带，缠包层应齐整致密、无破损；然后热挤高密度聚乙烯（HDPE）护套。这种缆索的运输和施工比平行钢丝束方便，目前已基本替代平行钢丝束。

(3) 这类钢丝束拉索各根钢丝排列紧凑、相互平行、受力均匀，接触应力低能够充分发挥高强钢丝材料的轴向抗拉强度。钢丝束拉索强度可达1860MPa，弹性模量接近钢丝的弹性模量，钢丝束拉索弹性模量可达到2.0×10^5N/mm^2。

(4) 钢丝束拉索缺点主要包括以下方面：①抗扭转稳定性较差；②防火性能差；③抗滑移能力差。

2.2.2 钢丝束力学性能

(1) 钢丝的质量应符合GB/T 17101—2008《桥梁缆索用热镀锌钢丝》的规定，钢丝束的质量应符合GB/T 18365—2001《斜拉桥热挤聚乙烯高强钢丝拉索技术条件》的规定。

(2) 半平行钢丝束索体可采用图2-4的索体截面形式。钢丝直径宜采用5mm或7mm，并宜选用高强度、低松弛、耐腐蚀的钢丝，极限抗拉强度宜采用1670、1770MPa等级，索体护套可分别采用单层或双层。

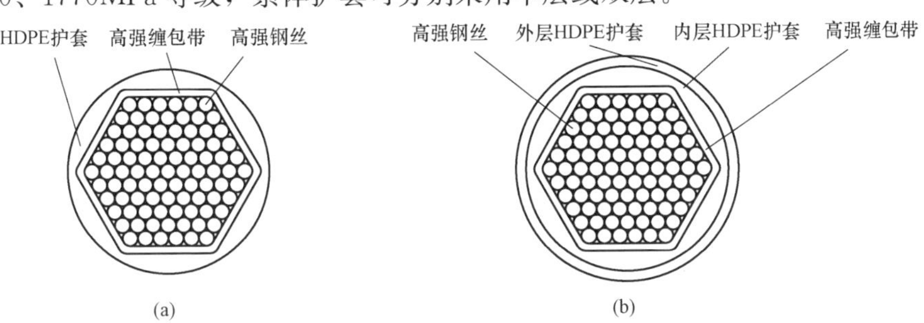

图2-4 钢丝束索体截面形式

(a) 单层护套索体；(b) 双层护套索体

（3）钢丝束外应以高强缠包带缠包，高强缠包带外应有热挤高密度聚乙烯（HDPE）护套，在高温、高腐蚀环境下护套宜采用双层，高密度聚乙烯技术性能应符合 CJ/T 297—2008《桥梁缆索用高密度聚乙烯护套料》的规定。

（4）钢丝束索体应根据设计要求对索体进行测长、标记和下料。当设计提供应力状态下的索长时，应进行应力状态标记下料，或经弹性伸长换算进行无应力状态下料。

（5）钢丝束应力状态下料时，其张拉应力应考虑钢索自重挠度、环境温度影响、锚固效率等，下料时钢丝束张拉强度可取 200～300N/mm^2。同种规格钢丝或钢绞线张拉应力应一致。

2.3 钢 拉 杆

钢拉杆适用于建筑空间结构或桥梁中受拉部位，承受轴向拉力，无弯矩和剪力，从而使钢材的强度潜力得到充分发挥。钢拉杆以优质的合金结构钢为原料，通过锻造和特殊的热处理拥有了优良的力学性能，完全可以满足大型建筑“抗风荷载，具有强韧性，疲劳寿命长，整体性能好”的需要，且钢拉杆还具有大跨度连接的优势；易于吊运安装和测力的优势；与不同构件连接的优势；借助外来介质防腐的优势。目前我国的建筑行业处在高速发展的时期，钢结构建筑中（如体育馆、机场、车站、路桥、造船、码头水利工程），大直径、高强度拉杆的应用越来越广泛。

2.3.1 钢拉杆组成

钢拉杆是近年来开发的一种新型拉锚构件，主要由圆柱形杆体、调节套筒、锁母和两端形式各异的接头拉环组成，调节套筒的数量可根据拉杆长度和调节距离确定，如图 2-5 所示。由碳素钢、合金钢制成，具有强度高、韧性好等特点。

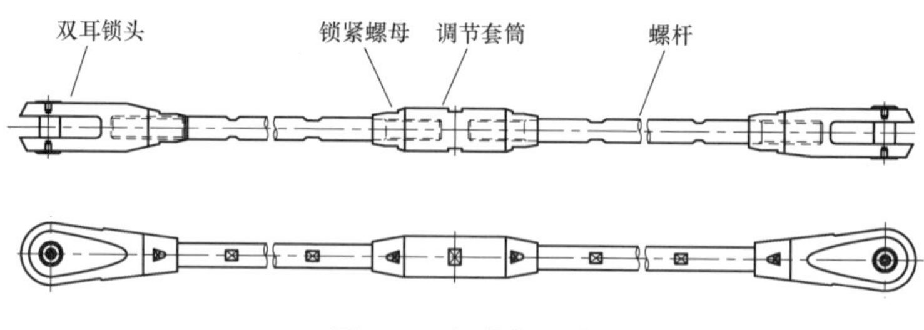

图 2-5 钢拉杆组成

2.3.2 接头锚具

钢拉杆的锚具有双（叉）耳式（D 型）、单耳式（S 型）、螺杆式（R 型）等，如图 2-6 所示。

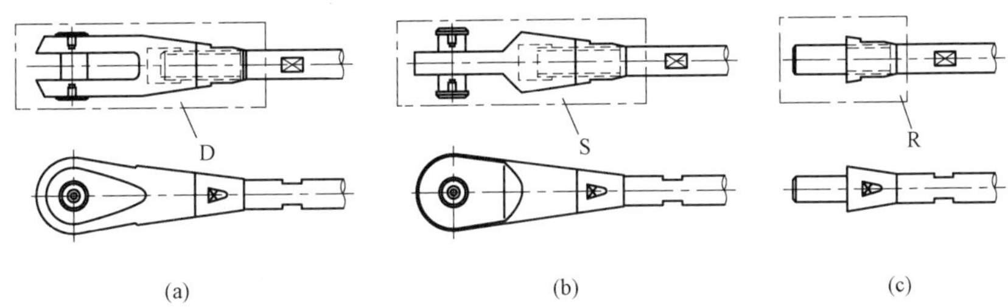

图 2-6 钢拉杆接头锚具形式

（a）D 型锚具；（b）S 型锚具；（c）R 型锚具

2.3.3 钢拉杆调节特性

钢拉杆均设有一定调节量。目的是为了满足现代钢结构建筑本身存在的结构误差以及可实现对钢结构预紧张拉，使结构配件之间承载均匀传递，消除内部结构受力不均的承载隐患，使整体结构在工况下稳定、持久、耐用。根据钢拉杆的规格大小不一，调节量范围一般有±20～±112mm，如图 2-7 所示。

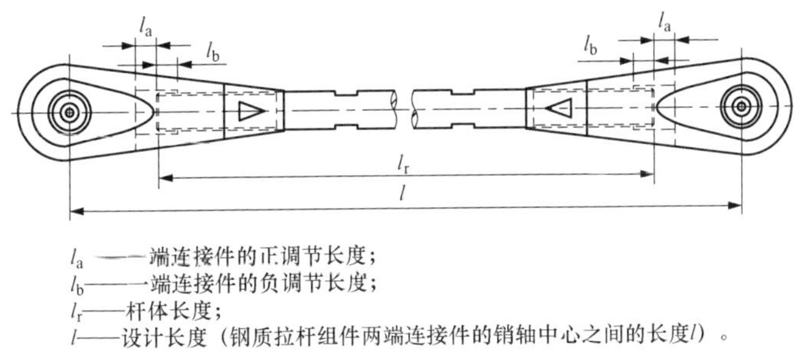

图 2-7 钢拉杆调节量

2.3.4 钢拉杆力学性能

（1）钢拉杆的质量、性能应符合 GB/T 20934《钢拉杆》的规定。

（2）钢拉杆的材料可以为合金钢和不锈钢两个品种。不锈钢一般用于建筑幕墙结构中，其直径一般为 $\varphi10$～$\varphi100$。合金钢拉杆的直径一般为 $\varphi16$～$\varphi120$。其强度级别有 235 级、345 级、460 级、550 级和 650 级，对应的力学性能指标见表 2-1。

表 2-1 **结构钢拉杆力学性能**

强度等级	杆体直径（mm）	屈服强度 R_{eH}（MPa）	抗拉强度 R_m（MPa）	断后伸长率 A（%）	断面收缩率 Z（%）	冲击试验（V 型缺口）	
		不小于				温度（℃）	冲击吸收 $A_{KV}J$，不小于
A	16～120	235	375	21	—	20	27
						0	
						−20	
B	16～210	345	470			0	34
						−20	
						−40	27
C	16～180	460	610	19	50	0	34
						−20	
						−40	27
D	16～150	550	750	17	50	0	34
						−20	
						−40	27
E	16～120	650	850	15	45	0	34
						−20	
						−40	27

（3）钢拉杆的弹性模量不小于 2.0×10^5 MPa。

（4）钢拉杆锚具的制作、验收应符合 GB/T 20934《钢拉杆》的规定。

（5）钢拉杆在韧性、疲劳寿命、整体性、防火防腐性能方面均要优于钢丝缆索体系；而且易于吊运安装和测力，易于与不同构件连接。

2.3.5 钢拉杆设计

钢拉杆的设计有等强设计和不等强设计。

（1）等强设计。

以拉杆杆体的名义直径计算拉杆的屈服荷载，使拉杆产生屈服的部位为拉杆杆体中间某截面处，杆体的螺纹部分以及拉杆索头、连接套等零件的屈服荷载均不小于拉杆杆体的屈服荷载。

（2）不等强设计。

直接用名义直径的拉杆，以加工螺纹后拉杆的螺纹底径处的截面面积近似作为拉杆的有效面积，以该有效截面面积计算拉杆的屈服荷载。其优点是：加工方便、供货周期短等。

2.3.6 钢拉杆表面处理

2.3.6.1 处理方式

与同众多钢结构一样钢拉杆表面处理防腐方式主要有两大类：镀层防腐和涂层防腐。

（1）镀层防腐：冷镀锌和热浸镀锌，如图 2-8 和图 2-9 所示。

图 2-8 长期防腐：抛丸+冷镀锌

图 2-9 重度防腐：抛丸+热浸镀锌

（2）涂层防腐：喷漆。

涂层防腐如图 2-10～图 2-12 所示。

图 2-10 短期防腐：抛丸+环氧富锌底漆

图 2-11 长期防腐：抛丸+环氧富锌底漆（+云铁中间漆+聚胺脂面漆）

图 2-12 重度防腐：抛丸+环氧富锌底漆（+云铁中间漆+氟碳面漆）

2.3.6.2 表面处理工艺及特点

（1）电镀锌。

工艺简介：化学除油→水清洗→电解除油→水清洗→酸洗→水清洗→电镀锌→水清洗→出光→水清洗→钝化→干燥。

特点：锌镀层具有良好的延展性，在进行各种折弯，搬运撞击等都不会轻易掉落，电镀锌美观大方，具有良好的装饰性，多应用于室内钢结构及膜结构上。

（2）热浸镀锌。

工艺简介：化学除油→水清洗→酸洗→水清洗→活化处理→热浸镀锌→冷却→成品整理。

特点：使用寿命长，一般热浸镀锌之钢铁构件在大多数郊区可使用50年左右，在市区或近岸区亦可达20年，甚至25年以上。硬度高具有很强的耐磨性，具有良好的延展性，富于挠性，表面光亮美观。

（3）环氧富锌底漆。

工艺简介：表面抛丸除锈处理→喷涂环氧富锌底漆。

特点：环氧富锌底漆附着力好，防腐效果佳同时还有很好的物理性能，对上层面漆也有良好的黏结力，常温干燥快，对面漆不渗色，在建筑钢结构领域环氧富锌底漆是应用最广泛的底漆。

（4）聚氨酯漆。

工艺简介：环氧富锌底漆＋环氧云铁中间漆＋聚氨酯面漆。

特点：具有良好的物理性能及防腐性能，漆膜坚硬耐磨，丰满度好，平滑、光洁，具有很好的装饰性，抗紫外线能力强，故多用于室外。

（5）氟碳漆。

工艺简介：环氧富锌底漆＋环氧云铁中间漆＋氟碳面漆。

特点：氟碳漆有优良的防腐蚀性能，该漆膜坚韧，表面硬度高、耐冲击、抗屈曲、耐磨性好，不会粘尘结垢，防污性好，不粉化、不褪色，使用寿命长，极高的装饰性。

2.4 锌-5%铝-混合稀土合金镀层钢绞线拉索

随着环境的日趋恶化，钢材防腐的重要性日益凸显，迫使研究人员不得不致力于提高钢材的自身防腐能力，从而可以抵御各种自然环境及恶劣气候对钢铁的吞噬。前些年市场也有很多具有一定防腐性能的钢绞线拉索被工程使用，如镀锌钢绞线拉索、铝包钢绞线拉索、镀铜钢绞线拉索等。但随着新型建筑形式的不断涌现，裸露于自然环境的索结构形式也不断增多，前面提到的几种钢绞线拉索防腐形式已经不能完全满足这些工程防腐等级要求。在众多科学家的不懈努力下，锌-5%铝-混合稀土合金镀层应运而生，国际上命名锌-5%铝-混合稀土合金镀层为Galfan（音译高尔钒）。

Galfan镀层的出现，使得Galfan镀层钢绞线成为钢绞线家族的新成员。Galfan层钢绞线拉索作为一种新型的索体，凭借其独特的防腐性能和优良的力学性能及独有的金属质感等特点，频频受到设计师和工程师的关注与青睐。Galfan镀层钢绞线拉索索体如图2-13所示。

图 2-13　Galfan 镀层钢绞线拉索索体

2.4.1　Galfan 镀层钢绞线拉索特点

钢绞线是由一层或多层钢丝呈螺旋形绞合而成的索体，结构可按 1×3、1×7、1×19、1×37 等规格选用。截面样式及结构类型如图 2-14 所示。

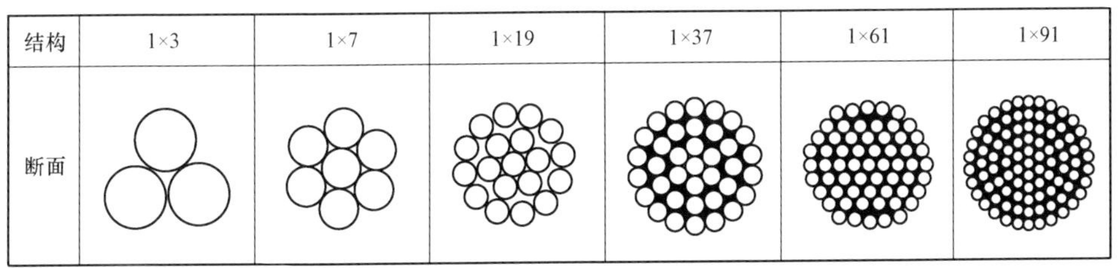

结构	1×3	1×7	1×19	1×37	1×61	1×91
断面						

图 2-14　钢绞线拉索截面样式及结构分类

钢绞线索体具有破断力大、施工安装方便等特点。钢绞线索体选用应满足下列要求：

（1）钢绞线的质量应符合 GB/T 5224《预应力混凝土用钢绞线》、YB/T 152《高强度低松弛预应力热镀锌钢绞线》、YB/T 5004《镀锌钢绞线》的规定。不锈钢绞线的应符合 JG/T 200《建筑用不锈钢绞线》的规定。

（2）钢绞线的极限抗拉强度可分别采用 1570MPa、1720MPa、1770MPa、1860MPa 和 1960MPa 等级别。

（3）钢绞线可分为镀锌钢绞线、铝包钢绞线、高强度低松弛预应力热镀锌钢绞线、不锈钢钢绞线。

（4）钢绞线的捻制。

钢绞线的捻制方向有左捻和右捻之分。多层钢绞线的最外层钢丝的捻向应与相邻内层钢丝的捻向相反。钢绞线受拉时，中央钢丝应力最大，外层钢丝的应力与其捻角大小有关。钢绞线的抗拉强度比单根钢丝降低 10%～20%，钢绞线弹性模量比钢丝弹性模量降低 15%～35%。

2.4.2 密封钢绞线拉索

密封钢绞线拉索（见图 2-15）与普通钢绞线拉索一样，都是一层或多层钢丝呈螺旋形绞合而成。不同的是密封钢绞线的外层钢丝采用异形钢丝螺旋扣合而成，有效地增加了钢丝绳的密实度，从而增加了单位截面面积上的含钢量。与一般的捻制方法相比，尽管这样的做法只能少许提高拉索的极限承载力，但它仍被应用于工程是因为其以下优势：①防腐蚀性能得到改善；②更佳的美学效果；③可以承受更高的锚固握裹力；④更强的抗磨损性能。

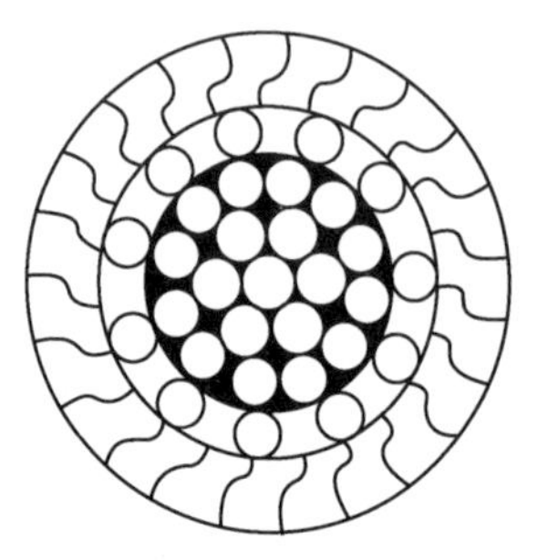

图 2-15 密封钢绞线索体截面

除此以外，密封钢绞线拉索还具有以下特点：①截面含钢率较高，可达到 85%以上（普通钢绞线一般为 75%左右），因而张拉刚度（EA）较高；②由于外层异形钢丝的紧密连接作用，使得密封钢绞线的耐腐蚀和耐磨损性能均有所提高；③由于异形钢丝不能冷拔到圆形钢丝的强度，因此密封钢绞线的破断强度要低于普通钢绞线；④价格也要比普通钢绞线略高。

2.4.3 Galfan 镀层钢绞线拉索特点

1. Galfan 镀层的产生

人与大自然之间总是不可避免地存在着矛盾冲突。这一点可以从我们用铁矿石冶炼钢铁的过程中消耗能量制成成品中体现出来。当钢铁成品暴露于空气中，大自然就开始了将钢铁氧化成氧化铁（铁锈）的过程。这一冲突，可以通过在钢铁表面涂镀一层比钢铁本身更能抵抗自然力的镀层来延长钢铁防锈时间，镀锌就是为此而采用的最常见的方法。

国外在 20 世纪 80 年代研制开发出锌-5%铝-混合稀土合金镀层，作为钢材防腐的新型镀层。研制者命名为 Galfan，其含义为：“GAL vanization Fantasipue——一种超乎寻常的镀锌”。锌-5%铝-混合稀土合金镀层是由 Zn-5%Al-混合稀土合金组成的共晶合金，这种新型合金专利技术专利属于国际铅锌组织（ILZRO）。自问世以来，在钢材防腐镀层的应用方面从钢板、钢带、钢管一直到钢丝得到了迅速发展。

锌-5%铝-混合稀土合金镀层是在热镀锌基础上发展起来的。锌-5%铝-混合稀土合金镀层起初只在欧洲、日本和北美等钢铁公司被运用，从 1983 年开始，在国际铅锌研究组织（ILIRO）的资助下开始批量生产。目前世界上锌-5%铝-混合稀土合金镀层产品约 48%在日本生产，约 42%在欧洲；7%～8%在北美。在日本电力行业，锌-5%铝-混合稀土合金产品绝大部分取代了普通的镀锌产品。在美国有关锌-5%铝-混合稀土合金产品已经形成标准系列化。

锌-5%铝-混合稀土合金镀层独有的抗腐蚀机理使得它的寿命是普通镀锌板的2～4倍。因此，它成为汽车工业、建筑业、农业等方面用户的主选产品。尽管到目前为止，拉索的应用工程不多，特别是在国内的应用还刚刚处于起步阶段，但有迹象表明，它将具有很大的竞争力和发展前途。

2. 防腐机理

(1) 锌-5%铝-混合稀土合金镀层的保护作用比一般镀锌要好，因为它表面存在富Al层，这样就不易与大气中的腐蚀性物质发生反应。锌-5%铝-混合稀土合金镀层的保护作用比Al更好，因为它的电位低于Al。

(2) 合金熔点低，只有382℃比纯锌419.5℃低37.5℃，最大程度降低高温对钢丝力学性能的影响且能耗也低。该合金镀层钢丝可焊接性能优于镀锌钢丝。

(3) 合金成分里锌的优良的阴极保护和三氧化二铝的保护作用。

3. 材料控制

(1) 钢丝镀层。

锌-5%铝-混合稀土合金对其配制的原材料纯度有严格的要求：锌的纯度要达到99.995%，铝的纯度不低于99.8%。热浸镀用的锌-5%铝-混合稀土合金必须用预合金化的母合金重熔。其成分见表2-2。

表2-2　锌-5%铝-混合稀土合金锭成分质量百分数　%

Al	Ce+La	Fe	Si	Pb	Cd	Sn	其他元素	其他元素总量	Zn
4.7～6.2	0.03～0.1	≤0.075	≤0.015	≤0.005	≤0.005	≤0.002	≤0.02	≤0.04	余量

对于一步镀法，合金镀槽内熔体中的铝含量应控制在4.2%～6.2%；对于两步镀法，先镀锌，然后镀锌-5%铝-混合稀土合金，合金镀槽内熔体中的铝含量允许达到7.2%，以防止镀液中铝含量贫化。

钢丝镀层中的铝含量不小于4.2%。钢丝表面镀层应连续、光滑、均匀，不应有影响使用的表面缺陷，其色泽在空气中暴露后可呈青灰色。钢丝镀层牢固性应按钢丝直径4～5倍紧密螺旋缠绕至少8圈，镀层不得开裂或起层到用裸手指能够擦掉的程度。钢丝的镀层重量应符合GB/T 20492—2006《锌-5%铝-混合稀土合金镀层钢丝、钢绞线》的规定。

(2) 钢丝质量。

制造钢丝用盘条牌号由供方选择，但硫、磷含量均不应超过0.025%，铜的含量不应超过0.20%；应采用经索氏体化处理后的盘条。

成品钢丝不允许有任何形式的接头，在制造过程中的焊接头应在成品中切除。

验收钢丝直径时确定各项检验结果都应以公称直径为基础。钢丝实测直径是指在同一横截面互相垂直的方向上，两次测量所得直径的算术平均值。其允许偏差应符合表2-3的规定。

表 2-3 实测直径允许偏差 mm

钢丝公称直径（d）	允许偏差
1.60≤d<2.40	±0.04
2.40≤d<3.70	±0.05
3.70≤d<5.0	±0.06

注：偏差值应用于检验镀层钢丝镀层均匀部位。

在钢丝同一横截面上最大直径与最小直径之差为钢丝的不圆度，其值不得大于钢丝直径公差之半。钢丝盘应规整，当打开钢丝盘时，钢丝不得散乱、扭转或成“∞”字形。工字轮卷线应平整等规定，钢丝的力学性能应符合 YB/T 5343—2009《制绳用钢丝》的规定。

4. 拉索特点

采用高强度锌-5%铝-混合稀土合金镀层钢丝，以钢绞线结构形式捻制成索体，加上两端锚具而组成的拉索，称为 Galfan 拉索。Galfan 拉索主要具有以下特点。

（1）钢绞线结构形式在捻制成型后会有一定的强度折减系数（0.86～0.87），但其螺旋正反绞制结构形式，决定了其索体的抗扭转稳定性会很好，因此拥有良好的径向承载性能。

（2）应用范围比较灵活，金属质感好，适用各种预应力体系。

（3）施工比较方便，索夹可以直接夹持在索体上不需做任何处理。

（4）小直径的拉索锚具可以采用压制连接。

5. 规范标准

2000 年冶金信息标准研究组织编制了 YB/T 180—2000《钢芯铝绞线用锌-5%铝-混合稀土合金镀层钢丝》和 YB/T 179—2000《锌-5%铝-混合稀土合金镀层钢绞线》两项行业标准，对推广和应用锌-5%铝-混合稀土合金镀层钢丝、钢绞线起到了积极的作用。随着生产工艺和设备的进一步发展与完善，我国在 2006 年编制了 GB/T 20492—2006《锌-5%铝-混合稀土合金镀层钢丝、钢绞线》，此标准的出台使得锌-5%铝-混合稀土合金镀层的生产、研究有据可依，确保产品质量的稳定性。

2.4.4 Galfan 镀层拉索性能比较

1. Galfan 镀层相比普通镀锌镀层的优越性

（1）抗腐蚀性能。

Galfan 镀层的抗腐蚀性能在同等镀层重量的情况下，是普通镀锌的 2～3 倍。无论是在实验室、户外、潮湿环境、海洋气候等恶劣环境下，Galfan 镀层的抗腐蚀性能均比普通热镀锌、电镀锌优越。这种特性基于 Galfan 镀层的特性，有 95%Zn-5%Al 形成两相共晶结构，建立了均匀一致的阻挡层，阻挡层在钢构件表面起到保护作用，当 Al 含量达到 5%时，具有最佳的抗腐蚀性能。Galfan 镀层和热浸镀锌镀层十年间镀层损失对比如图 2-16 所示。

我国东北大学于 1987 年 8 月～1998 年 8 月对 Galfan 镀层进行了长达 11 年工业大气暴露试验。试样距离地面 4.5m，11 年的挂试结果表明 Galfan 镀层的抗损失能力是纯锌镀层的 2.05 倍。

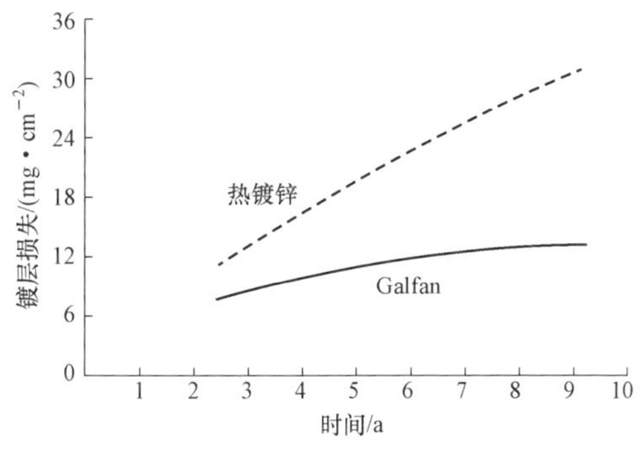

图 2-16 在工业气氛暴露 10 年的镀层损失

注：比率＝Zn 镀层损失/Galfan 镀层损失

（2）延展性及可变性能力。

Galfan 镀层的延展性及可变性极强，甚至超出了它所保护的钢基，不会产生普通镀锌的 Fe-锌合金脆性夹层。生成的 Fe-Al-Zn 合金延展性≥85%，与钢基的吸附力极强，因此能经受在强力变形工艺条件下缠绕、弯曲的考验，而不必担心镀层龟裂和脱落。

（3）极佳的均匀相表面。

该合金镀层钢丝的锌-铝结构提供了一个极佳的均匀相表面，与其他镀层相比，其合金镀层本质就是一种极好的预处理基底和涂抹黏合剂，这种优良的特性可改善涂抹后的龟裂、腐蚀和起泡。

2. Galfan 镀层拉索相比半平行钢丝束拉索的优越性

（1）PE 护套的成分为 HDPE（高密度聚乙烯），存在以下缺点：

①HDPE 也是生产塑料袋的组成成分，熔点较低，耐火性能不高，使用环境温度不能过高，另外若发生火灾 PE 燃烧时产生的有害气体会对人的生命造成直接危害；②HDPE 的耐老化性差，在大气、阳光、氧的作用下，逐渐变脆，力学强度下降；③在成型温度下，HDPE 会因氧化作用，而引起黏度下降，出现变色，产生条纹。

（2）力学性能方面。

1）抗扭转稳定性方面。

半平行钢丝束拉索受本身加工工艺限制（将若干根高强钢丝采用同心绞合一次扭绞成型，绞合角为 2°～4°，近乎于平行排列），抗扭转稳定性较差（扭转稳定性是指拉索在受弯、受扭状态下，各钢丝间表现出的整体工作性能）。Galfan 镀层拉索与 PE 半平行拉索相比，具备较强的抗折弯性能，更方便运输和安装。

2）抗滑移性能方面。

半平行钢丝束外包 PE 不能保持在索夹中的夹持能力，若将 PE 护套剥掉，则修复过的地方由于对 PE 进行了再加热，等于加速了该处 PE 的老化，造成了该处 PE 使用寿命缩短。Galfan 镀层拉索可直接夹持，具备较好的抗滑移能力，且因 Galfan 镀层的延展性和可变性极强，在夹持时不会损坏镀层。

3）外观效果方面。

Galfan 镀层拉索比起半平行钢丝束拉索的外包 PE 层更具有金属质感。亲和建筑风格，提升建筑档次。

2.5 不锈钢拉索

不锈钢是石油、化工、制药、食品等现代工业与建筑领域中广泛使用的金属材料。不锈钢通常指含铬大于 12%以上的一类高合金钢。不锈钢分类很多，按合金化学成分分类，基本上可分为铬不锈钢、铬 - 镍（钼）不锈钢和铬 - 锰 - 氮不锈钢。按不锈钢显微组织可分为马氏体型不锈钢、铁素体型不锈钢、奥氏体型不锈钢、奥氏体 - 铁素体型双相不锈钢和沉淀硬化型不锈钢。

实际应用中，一般是以不锈钢的显微组织分类。需要指出的是不锈钢的（稳态）显微组织与其化学成分、热处理状态密切相关的。

建筑领域常用的三类不锈钢特点介绍：

1）马氏体不锈钢及其特点。

属于高碳高铬类不锈钢，经热处理后可以强化钢的力学性能，有磁性，具有相当好的弹性。一般适用于弱腐蚀性环境非焊接件。典型牌号如 1 - 4Cr13/9Cr18 型等。

2）铁素体不锈钢及其特点。

铁素体不锈钢的含 Cr 量一般为 10.5%～30%，碳含量低于 0.25%。有时还加入其他合金元素。不能通过热处理进行强化，经冷变形加工后可适当提高钢的强度，同时具有良好的热加工性及一定的冷加工性。典型的铁素体不锈钢有 Cr17 型、Cr25 型和 Cr28 型。

3）奥氏体不锈钢及其特点。

奥氏体不锈钢不能以热处理强化，无（弱）磁性。但经冷加工后会产生轻微的磁性，可经固溶后消除部分磁性。有很好的耐蚀性、成形性、焊接性和装饰性，经适当冷变形加工后可提高强度。典型牌号如 Cr18 - Ni8 型/Cr18 - Ni12 型（304/316）。

幕墙处于建筑物表面，经常受自然环境不利因素的影响，如日晒、雨淋、风沙等不利因素的侵蚀。因此幕墙材料要有足够的耐候性和耐久性。

不锈钢拉索由不锈钢钢绞线和连接件组成，勇于建筑幕墙中承受拉力的不锈钢组件。建筑用不锈钢拉索根据锚具形式分为压制型和热铸型不锈钢拉索，如图 2-17 所示。不锈钢拉索执行规范 YB/T 4294—2012《不锈钢拉索》。

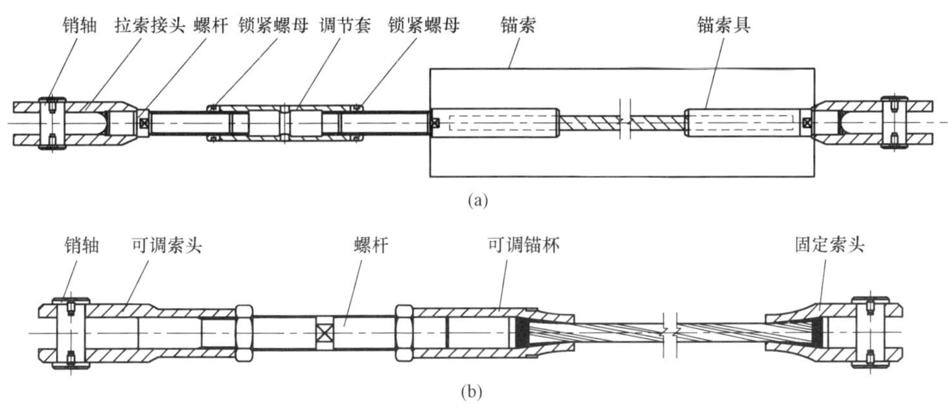

图 2-17　建筑用不锈钢拉索

(a) 压制型拉索；(b) 热铸型拉索

不锈钢钢绞线的性能和材料应符合 GB/T 25821—2010 的规定。连接件的性能和化学成分应符合 GB/T 1220、GB/T 2100、GB/T 4226 的规定，且压制型索锚具的材料断后伸长率不应小于 25%，断面收缩率不应小于 40%。连接件材料宜采用奥氏体型、奥氏体铁素体型不锈钢。

热铸型锚索的锚固用浇铸材料应采用低熔点锌铜合金，其化学成分应符合下表的规定。浇铸后，锌铜合金外表面应进行防腐处理，如表 2-4 所示。

表 2-4　锌铜合金化学成分

化学成分		
Cu	Zn	其他元素总量
2+0.2	余量	≤0.04

注：合金熔点 380℃，浇铸温度 430℃±10℃。

不锈钢钢绞线执行规范 GB/T 25821—2010。钢绞线按其断面结构分为：1×3、1×7、1×19、1×37、1×61、1×91，见图 2-17。

钢绞线按其破断拉力分为 1180MPa、1320MPa、1420MPa、1520MPa 四级。

钢绞线的捻向按外层钢丝的捻向分为左捻和右捻两种。一般以左捻供货。相邻两层钢绞线的捻向应相反。

钢绞线用钢丝符合 GB/T4240 中规定的奥氏体型不锈钢制其牌号包括：6Cr18Cr18Ni9、06Cr19Ni9N、06Cr17Ni12Mo2。

钢绞线用钢丝系冷拉状态，根据钢丝采用的牌号及公称直径，应符合 GB/T 4240 有关规定。

第三章　节点分类与设计

3.1　空间索结构节点分类

随着索结构类型的逐渐多样化，拉索节点也越来越复杂。节点是索结构重要的组成部分之一，节点形式直接影响结构设计与施工成型技术，节点设计也是保障结构安全的重要环节。如何合理有效的设计拉索节点成为广大结构设计师关注的问题。

在空间索结构节点中，按索节点功能分类可分为：张拉节点、锚固节点、转折节点、交叉节点、索杆节点等。按节点的连接作用分类可分为：拉索与拉索的连接节点、拉索与刚性构件连接节点、拉索与支承构件连接节点、拉索与围护结构连接节点等。拉索与围护结构连接节点又可细分为层间位置节点、锚具端部位置节点、玻璃夹具节点等。本章主要介绍撑杆节点、撑杆耳板节点、索夹耳板节点、球铰节点、桅杆节点、耳板连接节点和其他节点形式。

索头节点通常在与之连接的杆件上伸出耳板与配套索锚具连接，并与支座节点相连接，而与之对应的支座节点要释放对应方向的位移。索头的耳板除应保证与索杆的角度对应一致外，还应在设计上保证外观的精细和美观。

3.1.1　撑杆节点

对于索承结构来说，拉索与撑杆连接节点无疑是整个结构中的核心构件。撑杆上节点耳板处也会承受较大的拉杆拉力。撑杆节点在具体的项目中，也会根据受力特点和位置不同，进行设计。

鄂尔多斯全民健身中心的索夹下方设置有槽口，且有一根斜索将索夹向环索受力的反方向张紧，如图 3-1 所示。梧州体育中心的桁架下方焊接有相应耳板，索、撑杆三者将上下桁架，索夹上方有撑杆稳固，如图 3-2 所示。在徐州奥体中心索承网格结构中，中间由撑杆和销轴配合将索夹和钢结构相连，并可调整张拉角度，如图 3-3 所示。宝鸡跳水馆的撑杆节点较为复杂，此节点双索夹下方由螺钉压紧，索夹上方由四根拉杆分别将力传递到钢桁架上，如图 3-4 所示。

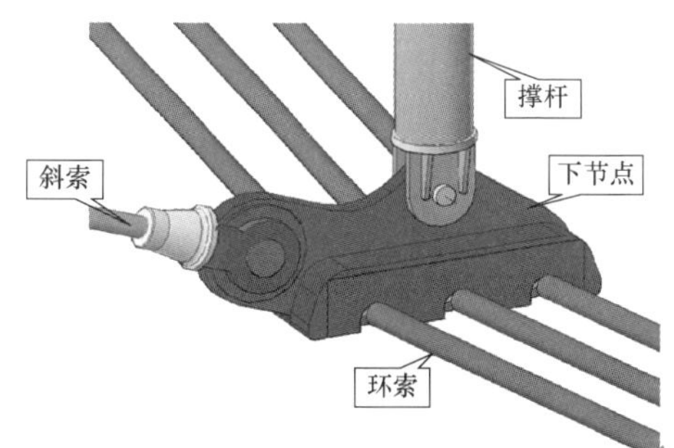

图 3-1　鄂尔多斯全民健身中心

图 3-2　梧州体育中心

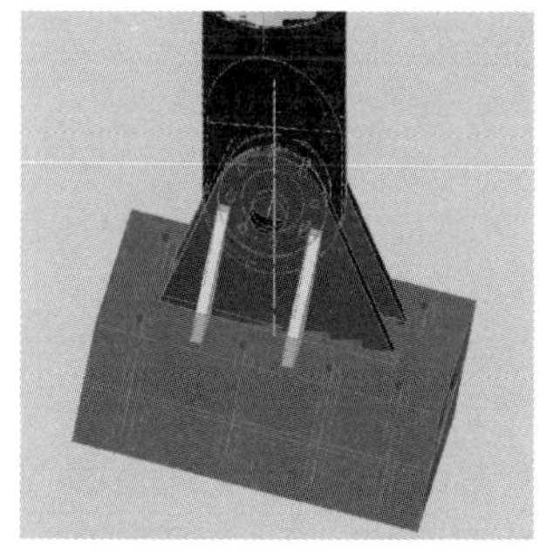

图 3-3　徐州奥体中心

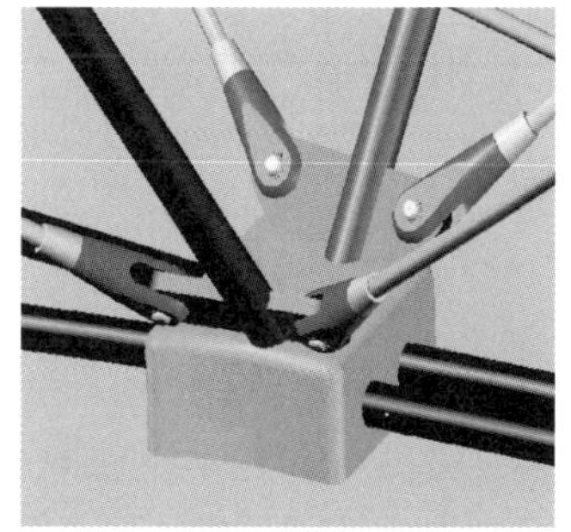

图 3-4　宝鸡跳水馆

济宁体育馆屋盖采用张弦结构，为了满足建筑造型，在节点处理中，多次遇到多杆件交汇的情况。十字形索夹能有效解决索交差点上方安装撑杆并且悬空受力的难题，如图 3-5（a）所示。在空间跨度小的前提下，索夹上的耳板还可与普通钢板连接，可有效降低成本，如图 3-5（b）所示。双索夹保持着简约的设计风格，使用此种索夹，不仅使结构变得简单轻易，而且有效增加结构的通透性，如图 3-5（c）所示。在结构体系的拐角处，可巧妙设计结构节点，解决因环索过长不好安装的难题，如图 3-5（d）所示。

(a)

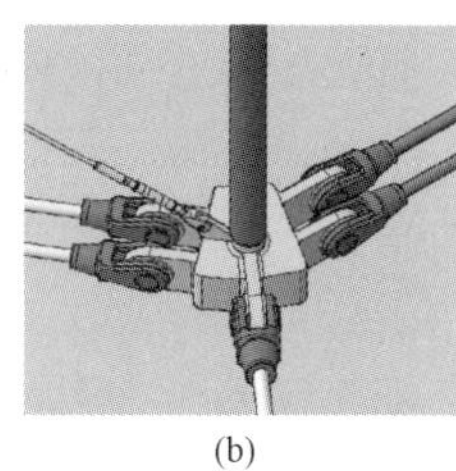

(b)

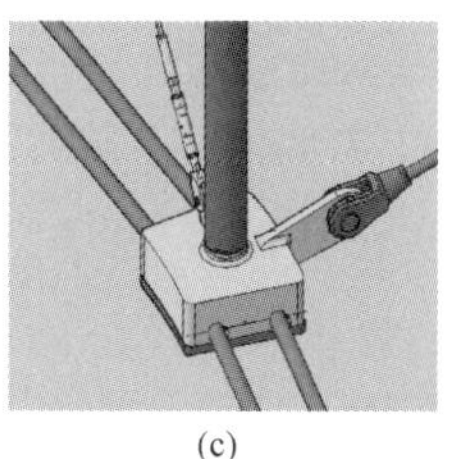

(c)

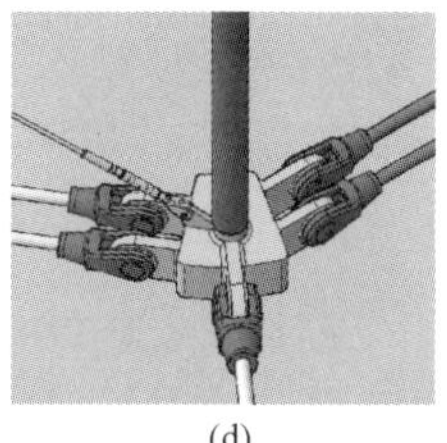

(d)

图 3-5　济宁体育馆

（a）十字形索夹；（b）索夹耳板；（c）双索夹；（d）拐角节点

3.1.2 撑杆耳板节点

山西煤炭交易中心采用索穹顶，直径 36m。中间耳板承担来自周围脊索的拉力，并将此拉力汇聚一点，在保证受力的同时也减少了结构重力，如图 3 - 6（a）所示。另外利用耳板将脊索断开，而不将环索断开，增加了结构的稳定性，如图 3 - 6（b）所示。

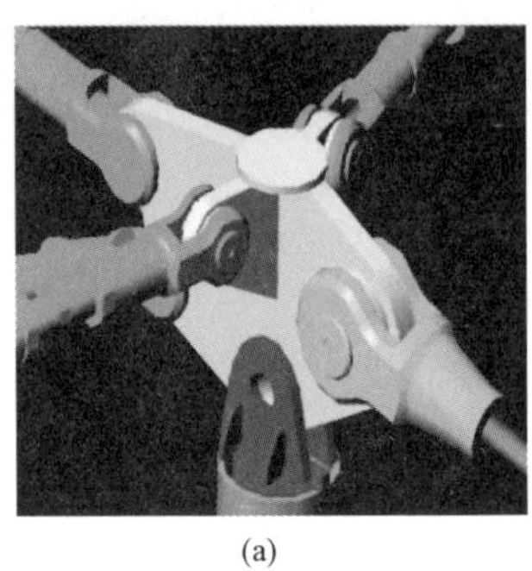
(a)

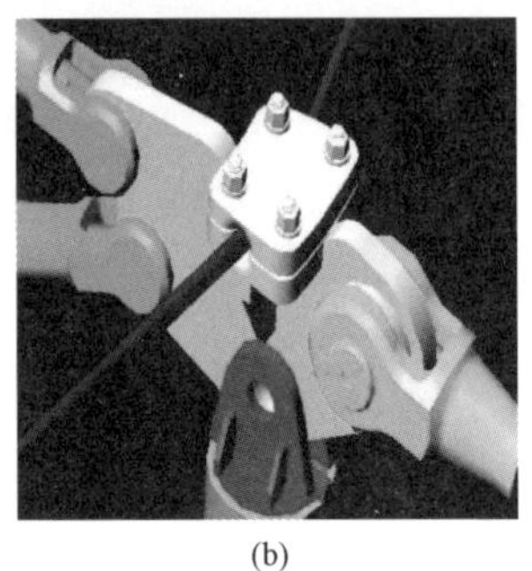
(b)

图 3 - 6 山西煤炭交易中心
（a）中间耳板节点；（b）环索节点

鄂尔多斯全民健身中心钢屋盖撑杆上的耳板在内外环的连接上起到过度作用，如图 3 - 7 所示。宝鸡跳水馆屋盖采用张弦结构，撑杆耳板节点索夹下方由螺钉压紧，索夹上方由拉杆分别将力传递到钢桁架上，如图 3 - 8 所示。

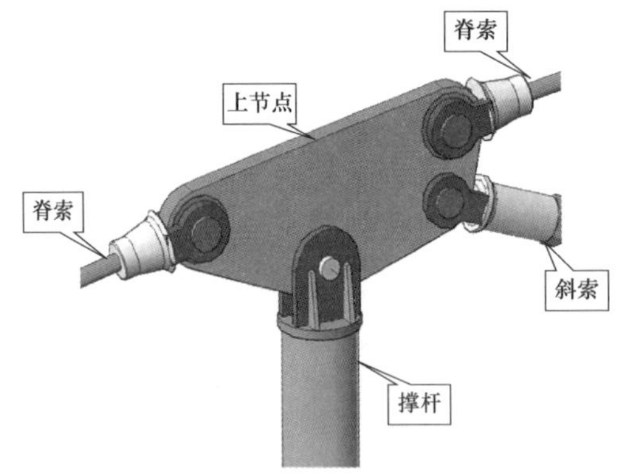

图 3 - 7 鄂尔多斯全民健身中心

图 3 - 8 宝鸡跳水馆

3.1.3 索夹耳板节点

徐州奥体中心采用索承网格结构，环索开口部分均是沿索体受力的反方向设计，该结构可同时满足多根环索同时受力，如图 3 - 9（a）所示。同时，与脊索配合使用的斜索夹，可直接加持在索体表面与撑杆相连，如图 3 - 9（b）所示。

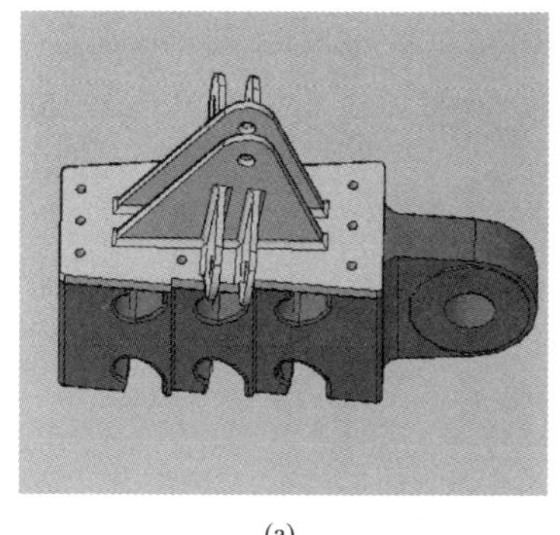
(a)

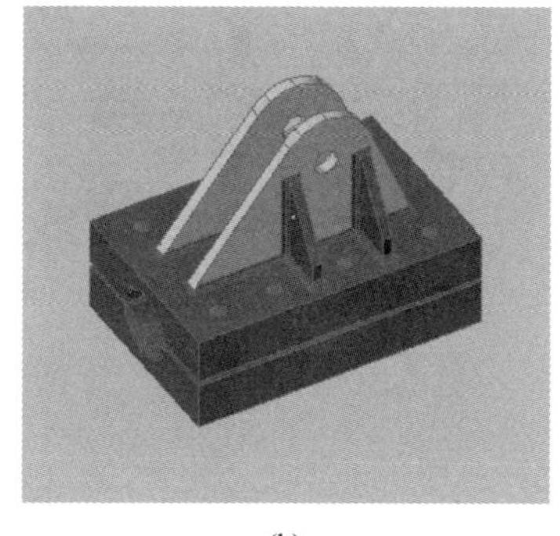
(b)

图 3-9　徐州奥体中心
(a) 环索索夹；(b) 斜索索夹

山西煤炭交易中心索夹上方的双向耳板使拉索受力转移可解决钢结构上因索头过大不易施工的难题，如图 3-10 (a) 所示。而在拐角处的索夹设计充分考虑到拉索的圆弧过渡，最大限度降低了索夹对拉索的损伤，如图 3-10 (b) 所示。针对索夹上方的耳板索结构的变化而设计，迎合结构的受力，如图 3-10 (c) 所示。

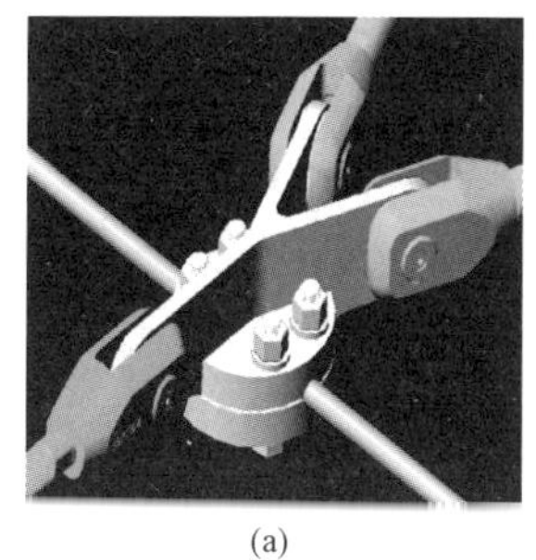
(a)

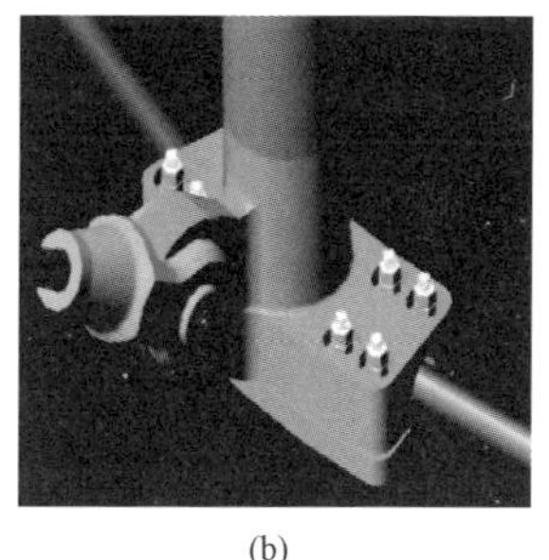
(b)

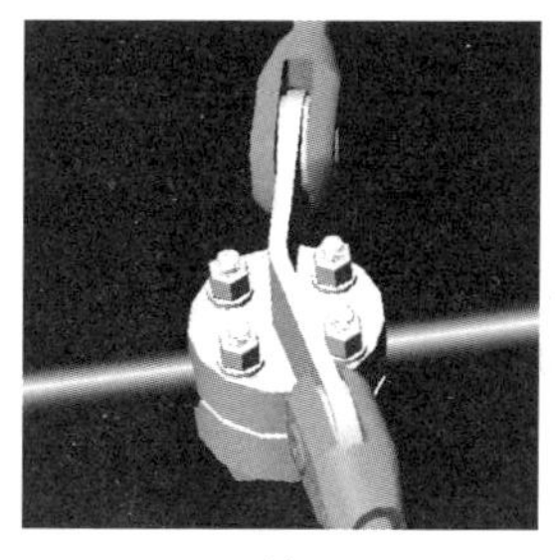
(c)

图 3-10　山西煤炭交易中心
(a) 双向耳板；(b) 拐角节点；(c) 上索夹

武威体育馆采用弦支穹顶结构，索夹下方凹槽起到稳定索的作用，交叉耳板可解决索交叉的问题，如图 3-11 (a) 所示。索夹后方的两个耳板分别来自不同方位，而前方的单耳板又将不同方的力集中于一点，如图 3-11 (b) 所示。长春奥体采用大开口张拉整体索结构，三向索夹耳板无断开且受力方向与结构传力方向一致，如图 3-12 所示。

3.1.4　球铰节点

济宁市体育馆球铰结构可针对环索张拉和后期使用过程中出现的受力偏移

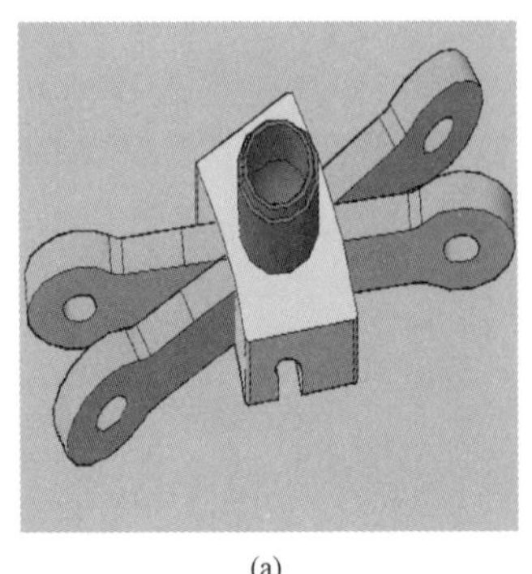

(a)

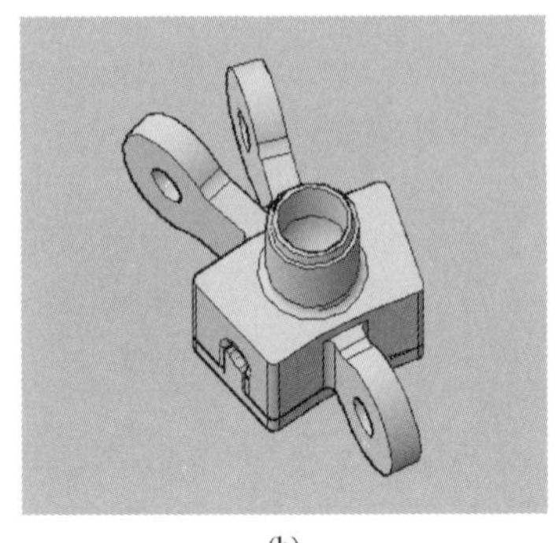

(b)

图 3-11 武威体育馆

(a) 四索汇交环索节点；(b) 三索汇交环索节点

问题做出适当的调整可以保证整个结构的稳定性，如图 3-13 所示。遂宁体育馆索夹用于拐角处夹具上方的球铰结构，随着张拉过程中受力不均随时调整夹具的角度，以满足结构的稳定性，如图 3-14 所示。长春奥体中心拉索分别从各个方向将桅杆撑起保证其在各个方向的受力稳定性，桁架上配有 360°可转动球铰，安装后可实现微调索，如图 3-15 所示。

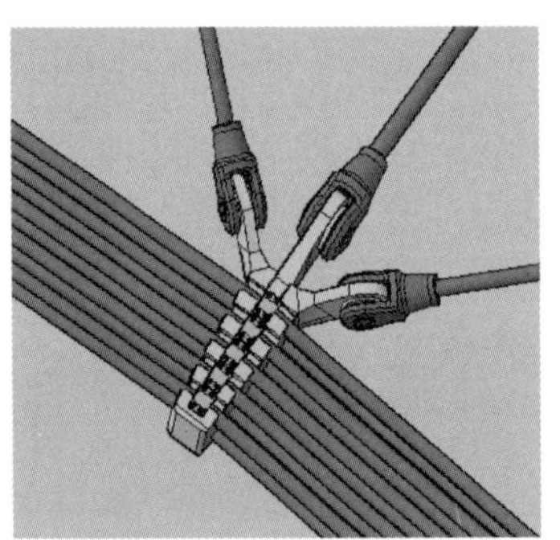

图 3-12 长春奥体中心

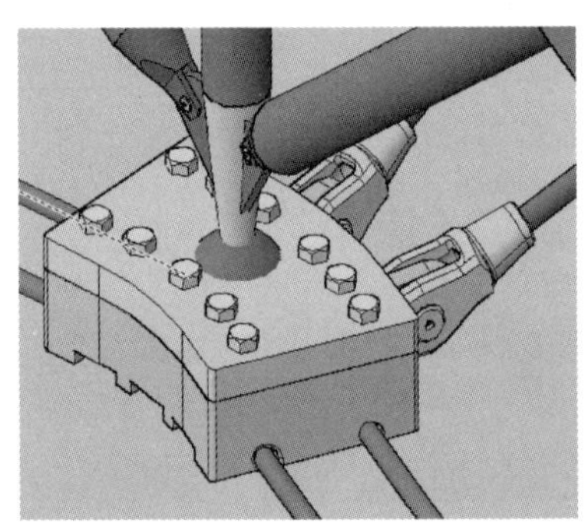

图 3-13 济宁市体育馆

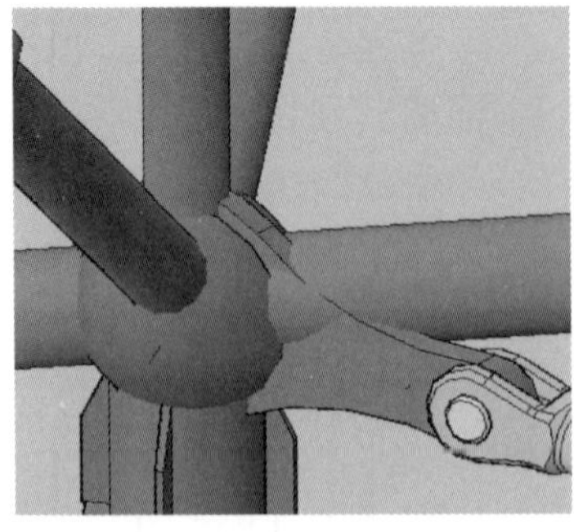

图 3-14 遂宁体育馆

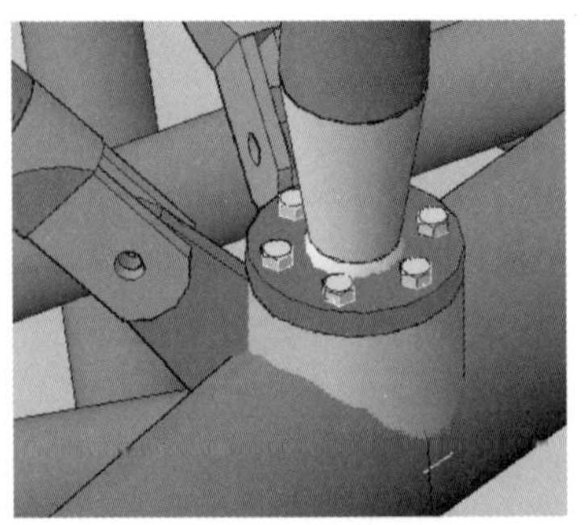

图 3-15 长春奥体中心

3.1.5 桅杆节点

在梧州体育中心屋盖设计中，拉索索头与桅杆顶部耳板连接，可通过张拉底部索头的方式将整根桅杆拉起，易于施工，并确保结构稳定，如图 3-16（a）所示。另外，桅杆在结构中所承受的荷载，通过索体传至桅杆底部索头与地面固定的耳板上，如图 3-16（b）所示。桅杆顶部有双耳耳板配合双索索头而设计，以保持桅杆在高空的稳定，如图 3-16（c）所示。

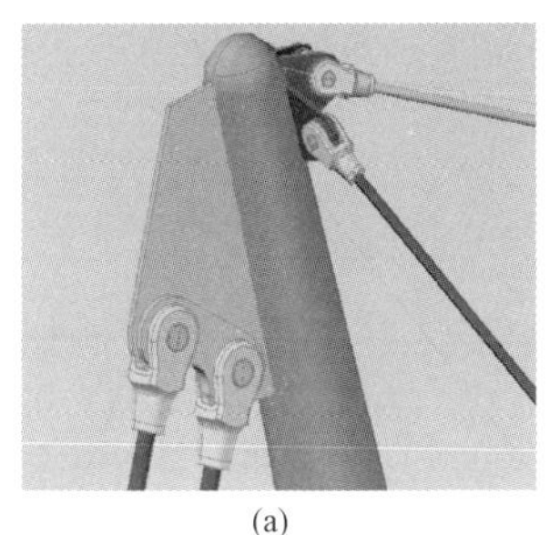
(a)

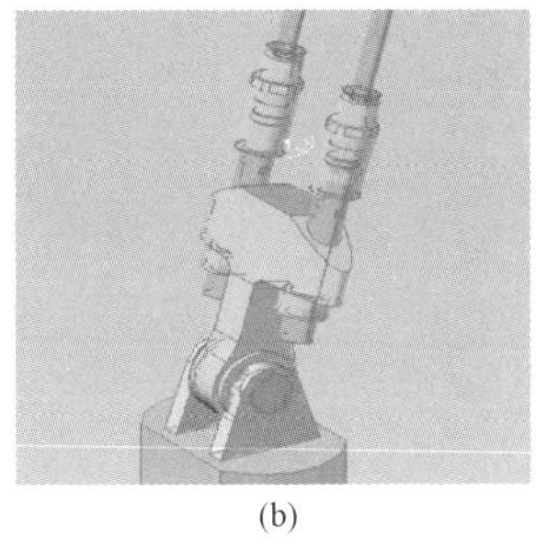
(b)

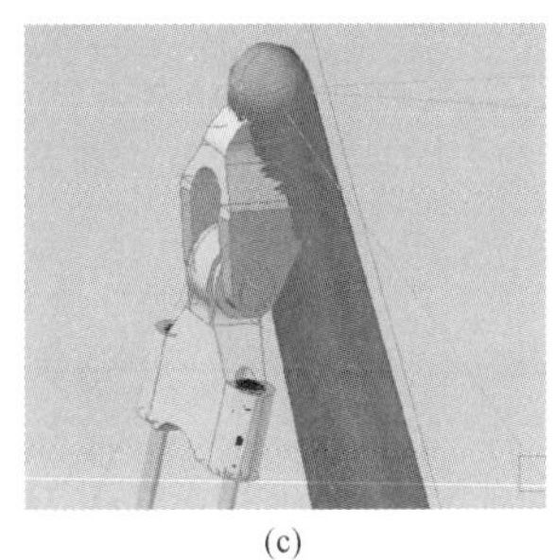
(c)

图 3-16 梧州市体育中心

（a）桅杆顶部；（b）桅杆底部；（c）双耳板顶部

长春奥体中心的桅杆周围的耳板可将桅杆周围的拉索所分部的力集中到一点上，从而保证桅杆的结构稳定，如图 3-17 所示。

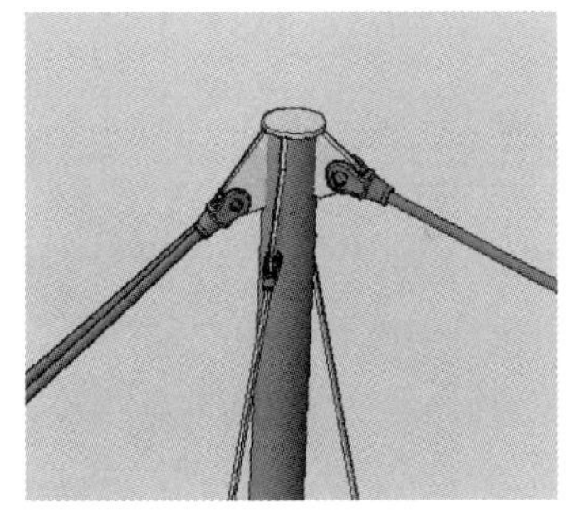
图 3-17 长春奥体中心桅杆

3.1.6 耳板连接节点

梧州体育中心的环索连接节点两端分别有两根索张拉受力，外部包装有装饰材料，已达到外观美观的效果，如图 3-18 所示。乐清体育馆的双索索头可解决单根索承重力过大的问题，可将力分散到两个甚至多个点上。既保证了结构的稳定性，也满足了受力的需求，如图 3-19 所示。

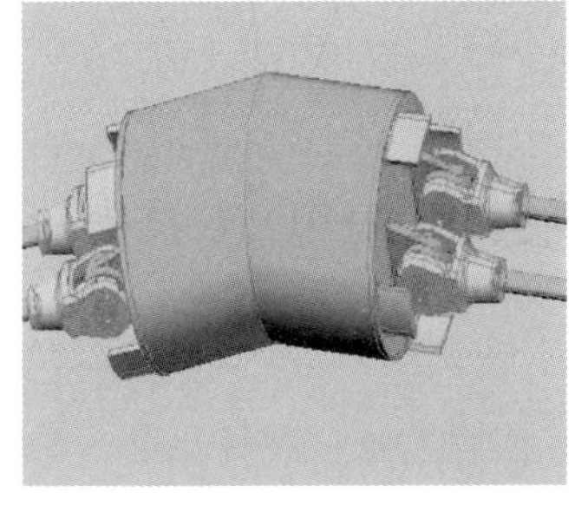
图 3-18 梧州体育中心耳板节点

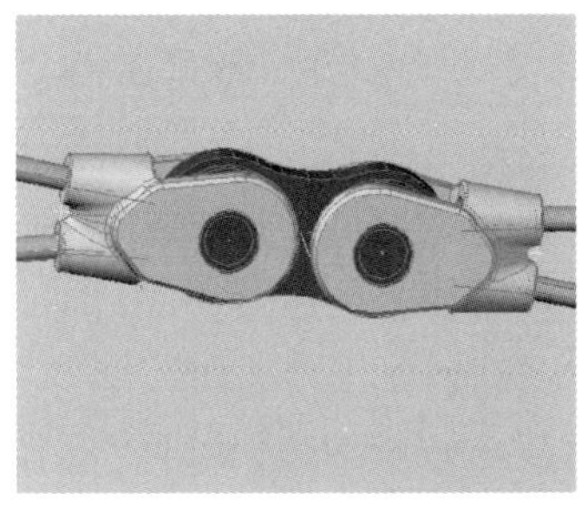
图 3-19 乐清体育馆耳板节点

长春奥体中心的三向耳板拉索分别从三个方向将环索撑起，耳板无断开且受力方向与整体结构传力方向一致，整体结构稳定性好，如图 3 - 20 所示。武威体育馆的三向索夹可将拉索的整体受力转移至周围的钢桁架上，可有效解决因索过大不易张拉的难题，如图 3 - 21 所示。

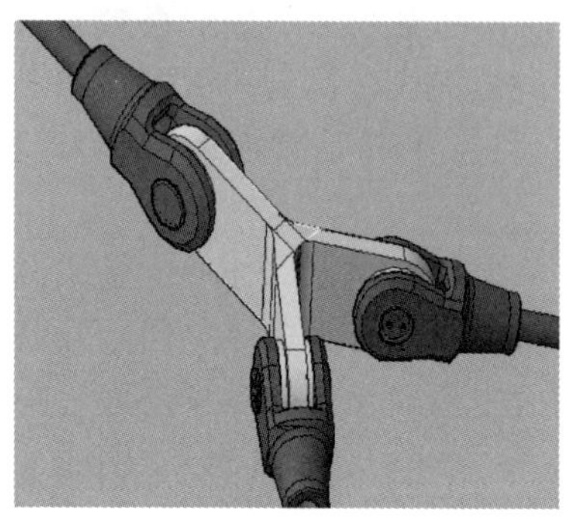

图 3 - 20　长春奥体中心耳板节点

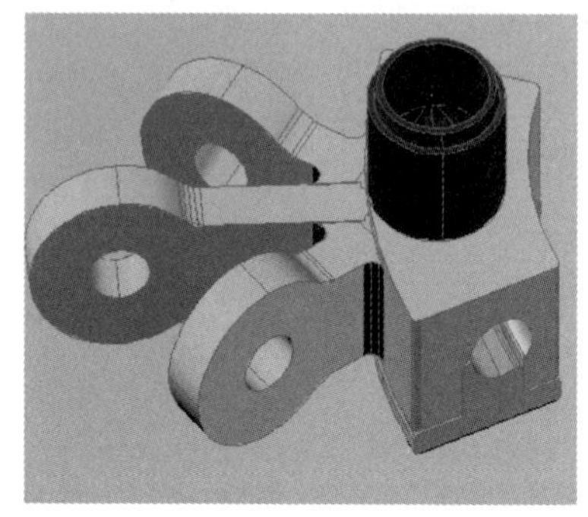

图 3 - 21　武威体育馆耳板连接节点

鄂尔多斯全民健身中心采用索穹顶，两根斜索将索夹向环索受力的反方向张紧，将力传递到周边桁架上，如图 3 - 22 所示。宝鸡跳水馆的钢桁架上方焊接的耳板承受结构本身的张力，分别由拉杆和撑杆构成的自平衡体系，如图 3 - 23 所示。

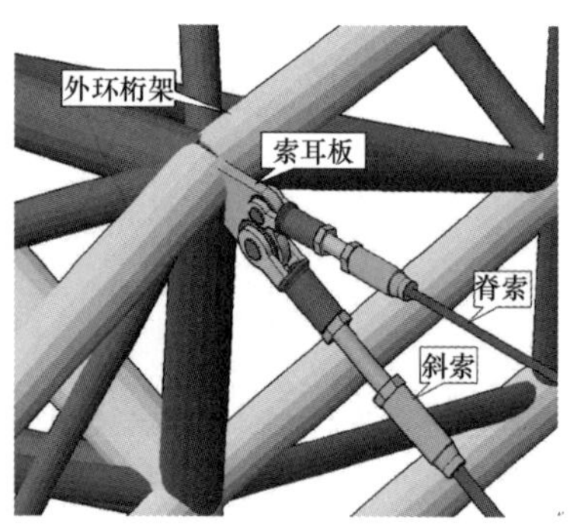

图 3 - 22　鄂尔多斯全民健身中心

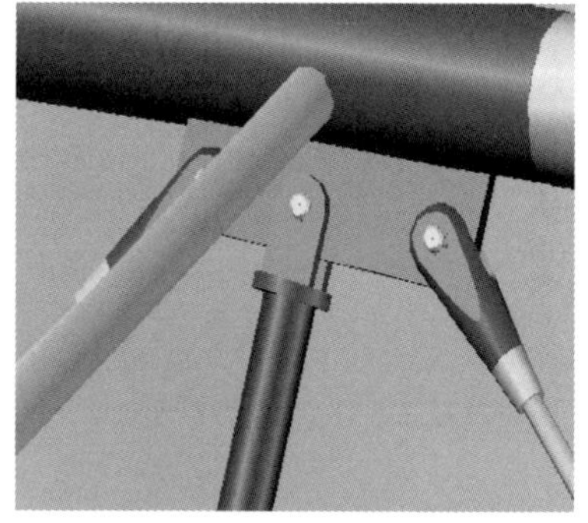

图 3 - 23　宝鸡跳水馆

山西煤炭交易中心主结构上耳板承受不同方位拉索的张力，如图 3 - 24（a）所示。另外，将耳板挖空并整体镶嵌在外压环上，使得耳板连接牢靠，减少了因焊接出现的事故，如图 3 - 24（b）所示。

3.1.7　其他

鄂尔多斯全民健身中心内环上下各有 30 根脊索张拉整体吊装，如图 3 - 25 所示。乐清体育中心交叉索头可解决单根索承重力过大的问题，此结构可将力分散

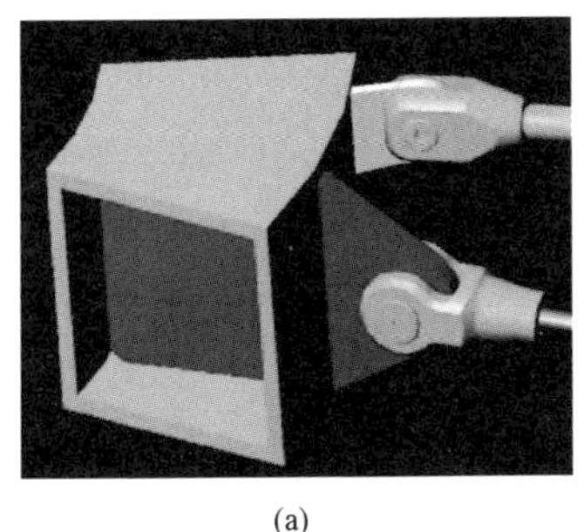

(a)

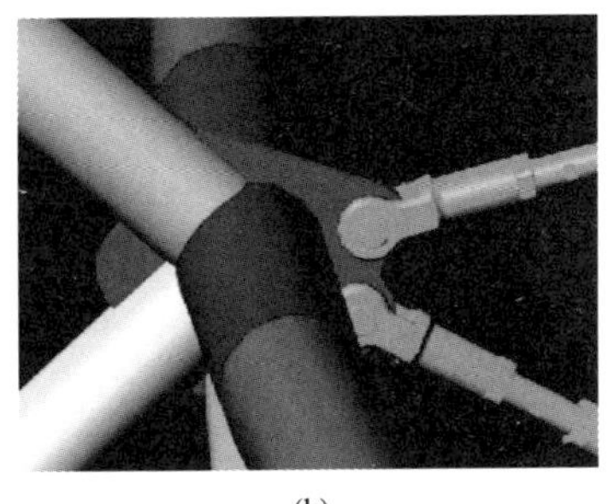

(b)

图 3-24 山西煤炭交易中心

(a) 主结构耳板；(b) 耳板挖空

到两个甚至多个点上，保证了结构的稳定性，满足受力要求，如图 3-26 所示。

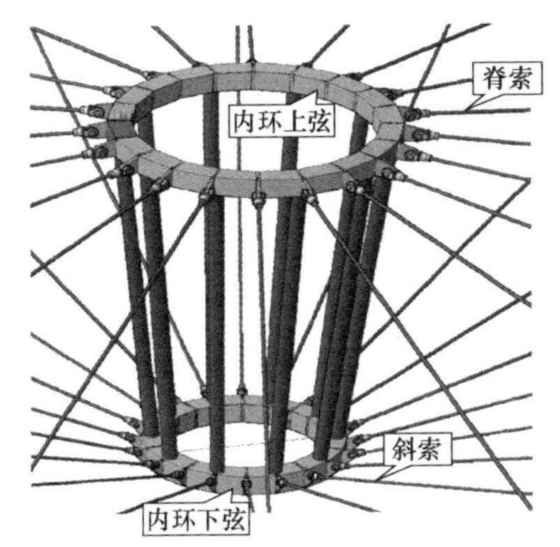

图 3-25 鄂尔多斯全民健身中心

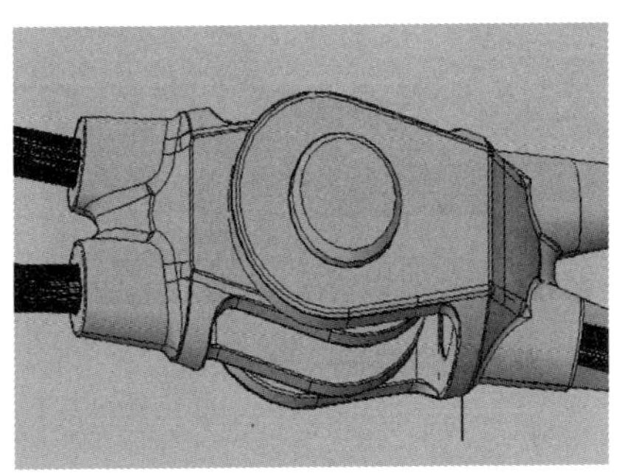

图 3-26 乐清体育中心

遂宁体育馆的索夹和撑杆互成一体，索夹下方设置螺钉，螺钉将索体压紧双索，从而在索夹的通道里形成角度，如图 3-27 所示。山西煤炭交易中心的十字过索夹可将环索和脊索可靠的连接在一起，如图 3-28 所示。

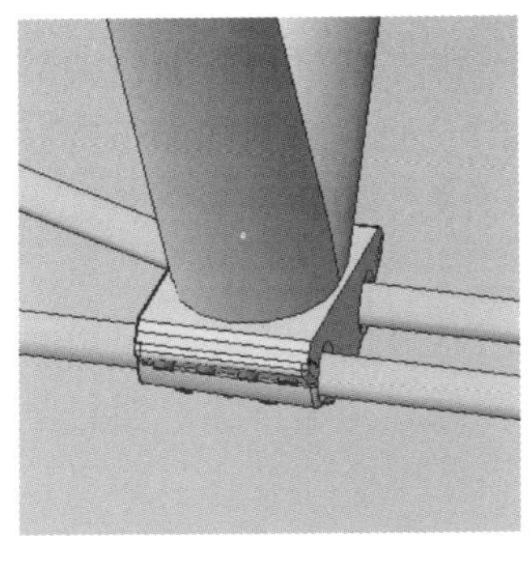

图 3-27 遂宁体育馆节点

图 3-28 山西煤炭交易节点

3.2 节点计算案例

选取国内某奥体中心的拉索节点进行计算。

3.2.1 设计原则

索夹应具有足够的承载力和刚度来有效传递结构内力，同时具有足够的抗滑承载力，防止索夹与索体相对位移。同时参照 GB/T 50017—2017《钢结构设计规范》相关规定与《建筑索结构节点设计技术指南》相关章节进行计算。

3.2.2 计算过程

一、计算过 φ80 拉索索夹和过 φ65 拉索索夹

过 φ80 拉索索夹索夹材料是 G20Mn5，采用 8 个 8.8 级 M30 的螺栓紧固，如图 3-29（a）所示；过 φ65 拉索索夹索夹材料是 G20Mn5，采用 10 个 8.8 级 M30 的螺栓紧固，如图 3-29（b）所示。

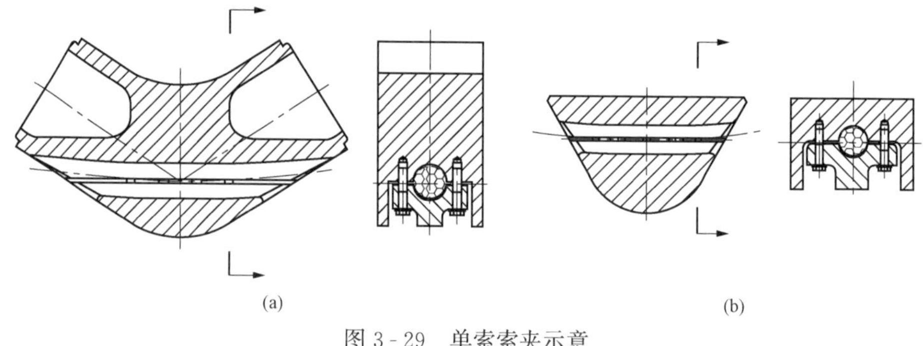

(a) (b)

图 3-29 单索索夹示意

（a）过 φ80 拉索；（b）过 φ65 拉索

1. 强度承载力验算

根据《建筑索结构节点设计技术指南》第六章索夹节点要求：选取 A-A 截面和 B-B 截面进行计算分析，如图 3-30 所示。

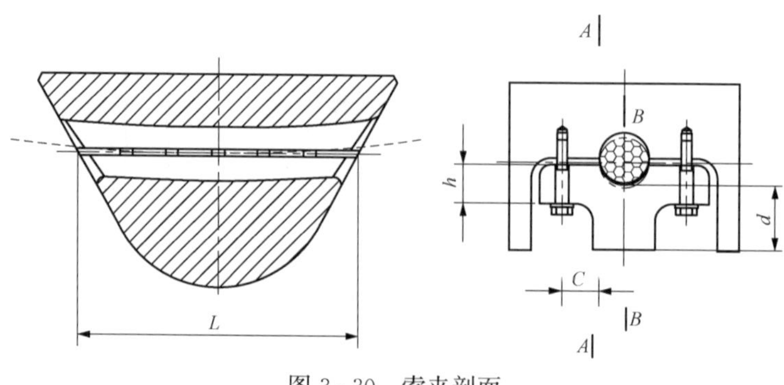

图 3-30 索夹剖面

(1) A-A 截面的抗弯应力比和抗剪应力比应分别满足式 (3-1) 和式 (3-2) 的要求。

$$K_{\mathrm{M}}=\frac{3P_{\mathrm{tot}}^{0}c}{Lh^{2}f\gamma_{\mathrm{P}}}\leqslant 1 \tag{3-1}$$

$$K_{\mathrm{V}}=\frac{0.75P_{\mathrm{tot}}^{0}}{Lhf_{\mathrm{v}}}\leqslant 1 \tag{3-2}$$

(2) B—B 截面的抗拉应力比应满足式 (3-3) 的要求。

$$K_{\mathrm{T}}=\frac{0.5P_{\mathrm{tot}}^{0}}{Ldf\varphi_{\mathrm{R}}}\leqslant 1 \tag{3-3}$$

式中 P_{tot}^{0}——索孔道两侧所有高强螺栓的初始紧固力之和；

c——平台根部至螺栓孔中心距离；

L——索夹夹持长度；

h——A-A 截面厚度；

f——钢材抗弯强度设计值，G20Mn5 为 235MPa；

f_{v}——钢材抗剪强度设计值，G20Mn5 为 135MPa；

γ_{P}——A-A 截面塑性发展系数，建议取 1.1；

d——B-B 截面厚度；

φ_{R}——强度折减系数，参考 JTG/T D65-05—2015《公路悬索桥设计规范》中 11.4.3 的规定，建议取 0.45；

由于索夹形状复杂，此处取索夹最薄弱处计算，结果见表 3-1。

表 3-1　单索索夹计算结果

规格	平台根部至螺栓孔中心距离 c(mm)	索夹夹持长度 L (mm)	A-A 截面厚度 h (mm)	B-B 截面厚度 d (mm)	抗弯应力比 K_{M}	抗剪应力比 K_{V}	B-B 截面的抗拉应力比 K_{T}
φ80	44.07	385.06	60	43.91	0.83	0.07	0.08
φ65	58.54	406.88	85	101.98	0.65	0.04	0.03

由表 3-1 可知，索夹强度承载力满足要求。

2. 抗滑移承载力验算

索夹抗滑设计承载力应不低于索夹两侧不平衡索力设计值，应满足式 (3-4) 的要求：

$$R_{\mathrm{fc}}\geqslant F_{\mathrm{nb}} \tag{3-4}$$

$$R_{\mathrm{fc}}=\frac{2\bar{\mu}P_{\mathrm{tot}}^{e}}{\gamma_{\mathrm{M}}} \tag{3-5}$$

$$P_{\mathrm{tot}}^{e}=(1-\varphi_{\mathrm{B}})P_{\mathrm{tot}}^{0} \tag{3-6}$$

式中 R_{fc}——索夹抗滑设计承载力；

F_{nb}——索夹两侧不平衡索力设计值，应不小于最不利工况下的索夹两侧索力最大差值；

γ_M——索夹抗滑设计承载力的部分安全系数，参考《Eurocode 3 Design of steel structures》EN 1993-1-11 中 6.4.1 的规定，宜取 1.65；

$\bar{\mu}$——索夹与索体间的综合摩擦系数，此处取 0.2；

P_{tot}^{e}——索夹上所有高强螺栓的有效紧固力之和；

φ_B——高强螺栓紧固力损失系数，此处取 0.4；

过 φ80 拉索索夹：

$$P_{tot}^{e}=(1-\varphi_B)P_{tot}^{0}=(1-0.4)\times 280\times 8=1344\text{kN}$$

$$R_{fc}=\frac{2\times 0.2\times 1344}{1.65}=325.8\text{kN}$$

过 φ65 拉索索夹：

$$P_{tot}^{e}=(1-\varphi_B)P_{tot}^{0}=(1-0.4)\times 280\times 10=1680\text{kN}$$

$$R_{fc}=\frac{2\times 0.2\times 1680}{1.65}=407.3\text{kN}$$

二、过 2-φ85 拉索索夹 1 和过 2-φ85 拉索索夹 2

过 2-φ85 拉索索夹材料是 G20Mn5，采用 4 块夹板，每个夹板 6 个螺栓，共 24 个 8.8 级 M30 的螺栓紧固，如图 3-31（a）所示；过 2-φ85 拉索索夹材料是 G20Mn5，采用 2 块夹板，每个夹板 10 个螺栓，共 20 个 8.8 级 M30 的螺栓紧固，如图 3-31（b）所示。

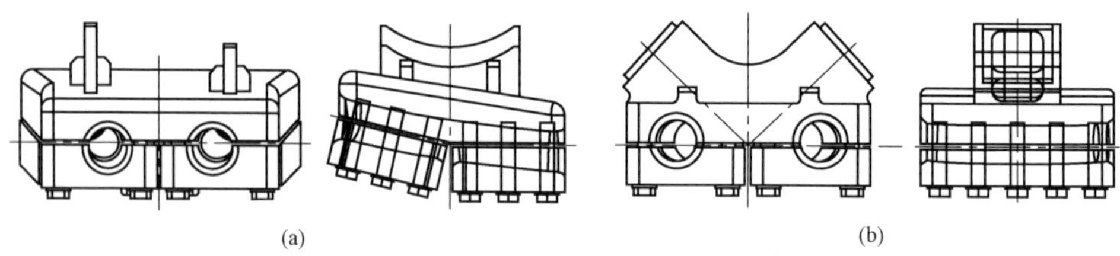

(a) (b)

图 3-31 双索索夹示意

（a）过 2-φ85 拉索索夹；（b）过 2-φ85 拉索索夹

1. 强度承载力验算

根据《建筑索结构节点设计技术指南》第六章索夹节点要求，选取 A—A 截面和 B—B 截面进行计算分析，如图 3-32 所示。

（1）A-A 截面的抗弯应力比和抗剪应力比应分别满足式（3-7）和式（3-8）的要求。

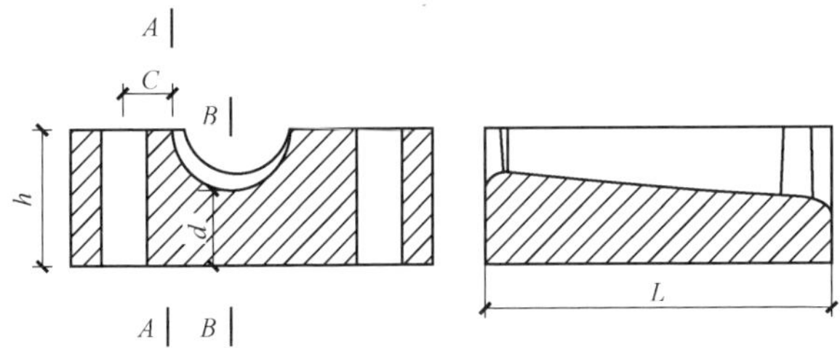

图 3-32 双索索夹剖面示意

$$K_{\mathrm{M}}=\frac{3P_{\mathrm{tot}}^{0}c}{Lh^{2}f\gamma_{\mathrm{P}}}\leqslant 1 \tag{3-7}$$

$$K_{\mathrm{V}}=\frac{0.75P_{\mathrm{tot}}^{0}}{Lhf_{\mathrm{v}}}\leqslant 1 \tag{3-8}$$

（2）B-B截面的抗拉应力比应满足式（3-9）的要求。

$$K_{\mathrm{T}}=\frac{0.5P_{\mathrm{tot}}^{0}}{Ldf\varphi_{\mathrm{R}}}\leqslant 1 \tag{3-9}$$

式中 P_{tot}^{0}——索孔道两侧所有高强螺栓的初始紧固力之和；

c——平台根部至螺栓孔中心距离；

L——索夹夹持长度；

h——A-A截面厚度；

f——钢材抗弯强度设计值，G20Mn5为235MPa；

f_{v}——钢材抗剪强度设计值，G20Mn5为135MPa；

γ_{P}——A-A截面塑性发展系数，建议取1.1；

d——B-B截面厚度；

φ_{R}——强度折减系数，参考JTG/T D65-05—2015《公路悬索桥设计规范》中11.4.3的规定，建议取0.45。

由于索夹形状复杂，此处取索夹最薄弱处计算，结果见表3-2。

表3-2　双索索夹计算结果

规格	平台根部至螺栓孔中心距离 c(mm)	索夹夹持长度 L(mm)	A-A截面厚度 h(mm)	B-B截面厚度 d(mm)	抗弯应力比 K_{M}	抗剪应力比 K_{V}	B-B截面的抗拉应力比 K_{T}
索夹1	71.01	260	100	47.3	0.53	0.06	0.11
索夹2	69.4	450	85	50.34	0.69	0.04	0.06

由表3-2可知，索夹强度承载力满足要求。

2. 抗滑移承载力验算

索夹抗滑设计承载力应不低于索夹两侧不平衡索力设计值，应满足式（3-10）的要求：

$$R_{fc} \geqslant F_{nb} \tag{3-10}$$

$$R_{fc} = \frac{2\bar{\mu} P_{tot}^{e}}{\gamma_{M}} \tag{3-11}$$

$$P_{tot}^{e} = (1-\varphi_{B})P_{tot}^{0} \tag{3-12}$$

式中 R_{fc}——索夹抗滑设计承载力；

F_{nb}——索夹两侧不平衡索力设计值，应不小于最不利工况下的索夹两侧索力最大差值；

γ_{M}——索夹抗滑设计承载力的部分安全系数，参考《Eurocode 3 Design of steel structures》EN 1993-1-11 中 6.4.1 的规定，宜取 1.65；

$\bar{\mu}$——索夹与索体间的综合摩擦系数，此处取 0.2；

P_{tot}^{e}——索夹上所有高强螺栓的有效紧固力之和；

φ_{B}——高强螺栓紧固力损失系数，此处取 0.4。

所以单根拉索的抗滑移力是：

过 2-φ85 拉索索夹 1：

$$P_{tot}^{e} = (1-\varphi_{B})P_{tot}^{0} = (1-0.4)\times 280\times 12 = 2016\text{kN}$$

$$R_{fc} = \frac{2\times 0.2\times 2016}{1.65} = 488.7\text{kN}$$

过 2-φ85 拉索索夹 2：

$$P_{tot}^{e} = (1-\varphi_{B})P_{tot}^{0} = (1-0.4)\times 280\times 10 = 1680\text{kN}$$

$$R_{fc} = \frac{2\times 0.2\times 1680}{1.65} = 407.3\text{kN}$$

3.3 幕墙柔性支承体系

点支承玻璃幕墙中，玻璃面板通过金属连接件连接于支承体系，支承结构是点支承玻璃幕墙的重要组成部分。按结构刚度，支承结构可分为刚性体系，半刚性体系和柔性体系。柔性支承体系主要由拉索、拉杆和刚性构件等组成，结构的刚度主要由预张力提供，半刚性体系中，构件截面和预张力共同提供了结构的刚度。

对于刚性结构体系，可采用线性小挠度理论计算和结构的内力和位移，对于柔性结构体系，必须采用非线性大挠度理论对结构进行分析和计算。在进行结构体系的计算和设计时，除了确保结构单元或构件满足现行规范对正常使用和承载能力极限状态的要求外，还应确保结构体系整体的稳定性。

3.4 幕墙节点设计

3.4.1 层间位移连接

层间常用连接形式如下：

（1）当拉索顶底支承结构承载能力强，跨中横向结构抵抗竖向力较弱或拉索变形会与之干涉，可在玻璃夹具后端连接耳板与结构连接，并设置其竖向扁孔释放竖向变形，见图 3-33（a）。

（2）当拉索顶底支承结构不足以承担整跨荷载，需要在层间位置把拉索进行分段分区，使各区间单独承受荷载降低顶底结构受力，见图 3-33（b）。

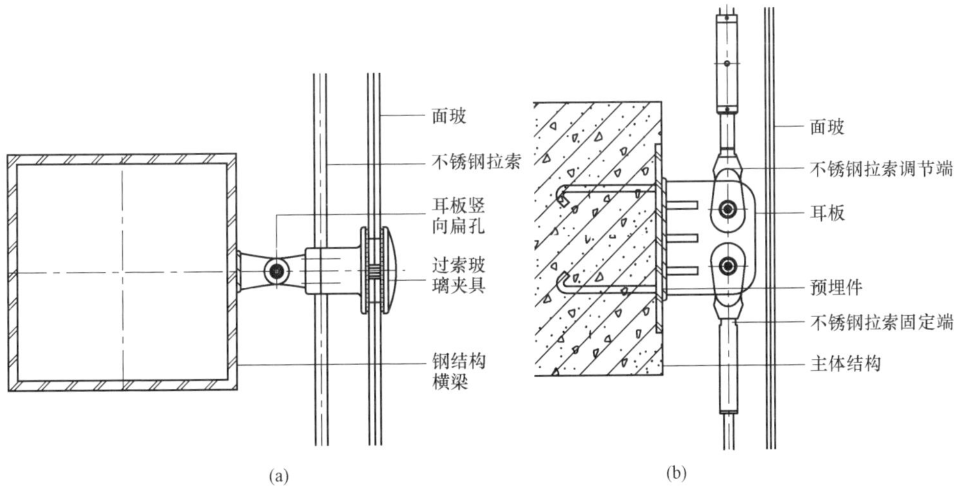

图 3-33 层间位移连接形式

（a）方式一；（b）方式二

某工程幕墙高度 108m，采用单层单向索结构，幕墙设计计算时合理利用楼层横梁抵抗水平荷载，减小拉索直径和顶底连接支座的反力。最终选用通长 φ36 不锈钢拉索，层间位移连接节点如图 3-34 所示。

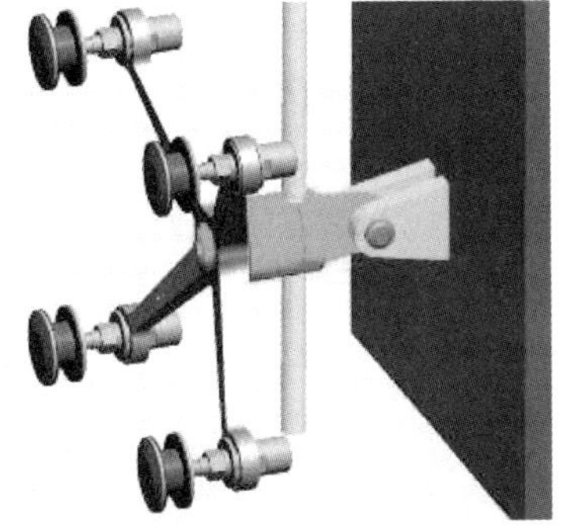

图 3-34 层间位移连接节点

3.4.2 锚具端部位置设计

拉索与主体连接通常使用碳钢耳板与主体结构的平板预埋件连接使用。拉索索头一般外露于装饰面，耳板设计校核参考 GB 50017 钢结构设计规范，如图 3-35 所示。

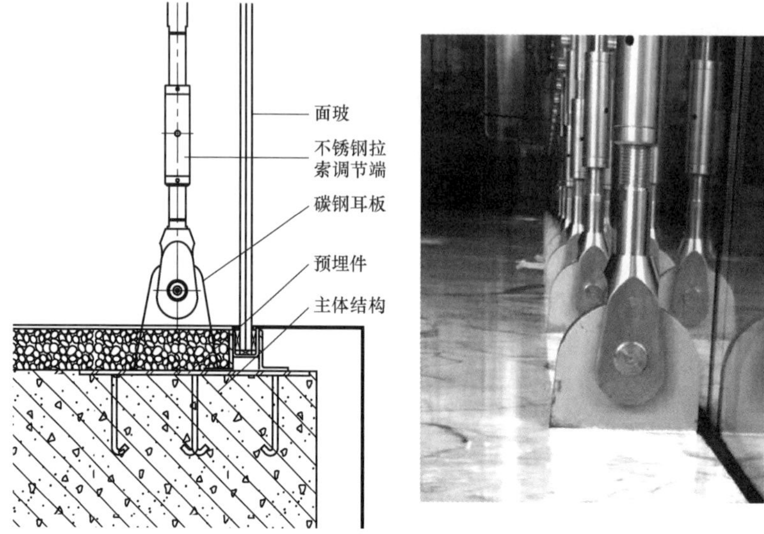

图 3-35 锚具端部节点

拉索在端部与主体结构连接时锚具通常会外露，当需要隐藏拉索锚具时，可根据工程实际情况进行设计，采用穿梁式连接，如图 3-36 所示。需要注意的是，索体在地面装饰面需要设置限位装置，防止拉索在此位置形变与之干涉。

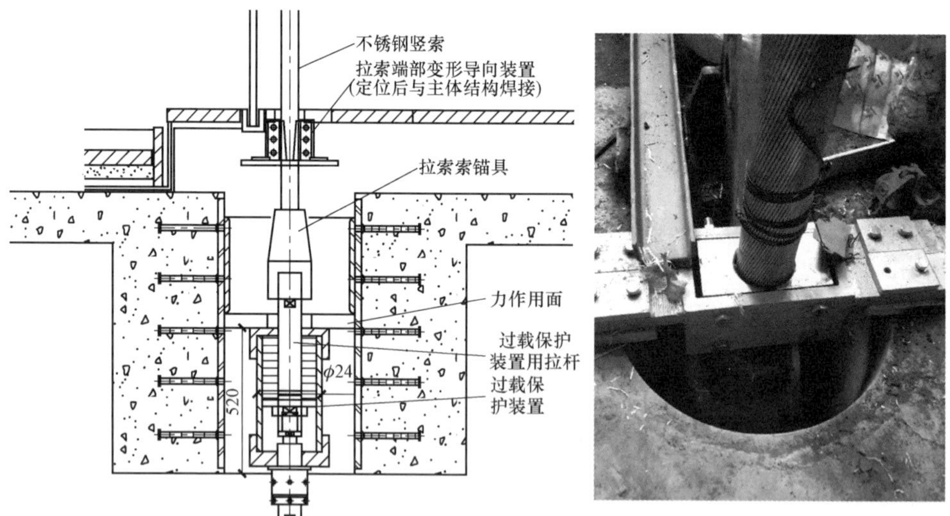

图 3-36 穿梁式连接

3.4.3 玻璃夹具与拉索连接设计

（1）常规工程中玻璃面与索的间距一般根据供应商产品图册确定，如图 3-37 所示。

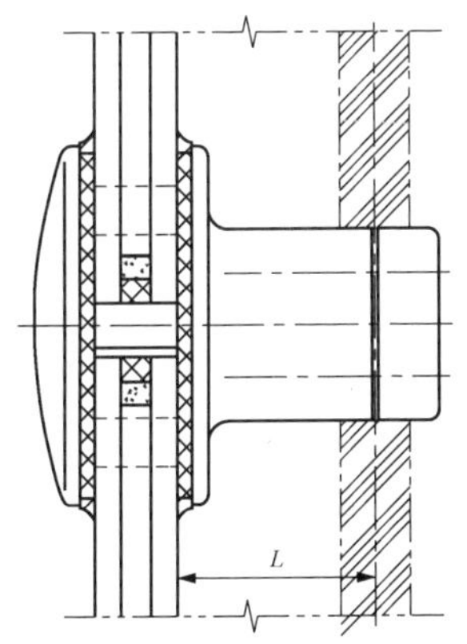

图 3-37　常规节点设计

(2) 一些工程因拉索端部支座反力过大，需把拉索布置在主体结构正下方，会导致玻璃面与拉索距离过远，此时玻璃重心与拉索中心偏心大，拉索在玻璃夹具位置会产生弯折现象（见图 3-38）。在实际工程中应避免此偏心对拉索的影响，通常采取以下两种连接形式：在靠近玻璃面位置增加小直径拉索承重，见图 3-39（a）；增大索夹块夹持高度，见图 3-39（b）。

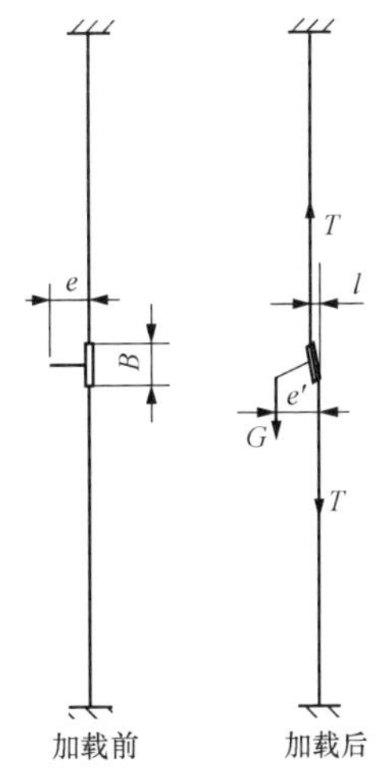

图 3-38　玻璃面与拉索距离远

(3) 对于倾斜幕墙，需在玻璃夹具设置调节量，吸收玻璃自重影响的形变。倾斜幕墙中，拉索在安装后会呈设计状态倾斜，见图 3-40（a），当安装常规定距索夹具和玻璃面板时，玻璃面会在自重方向以抛物线形式变形，见图 3-40（b），改变夹具形式可避免此种情况产生，见图 3-40（c）。

(a)

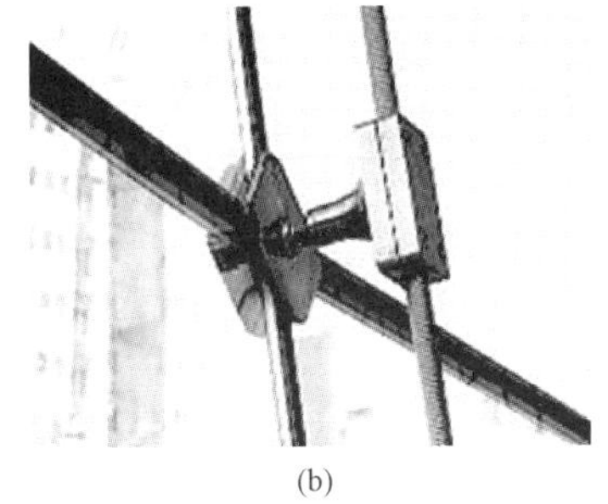

(b)

图 3-39　拉索连接方式

(a) 方式一；(b) 方式二

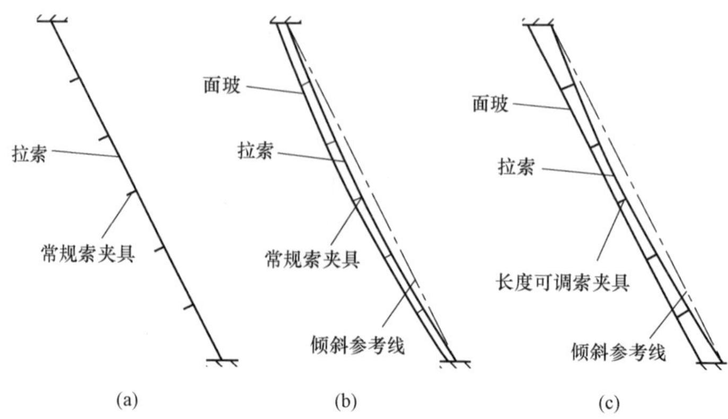

图 3-40 倾斜幕墙连接节点

(a) 安装前；(b) 安装后状态一；(c) 安装后状态二

第四章　空间索结构典型案例分析

4.1　伊金霍洛旗全民健身体育活动中心

4.1.1　工程介绍

伊金霍洛旗全民健身体育活动中心位于内蒙古鄂尔多斯伊金霍洛旗阿勒腾席热镇北部，屋盖结构为肋环型索穹顶结构，上层覆盖双层膜结构。该工程总建筑面积 38600m^2，观众坐席 4200 个，是集比赛馆、游泳馆、训练馆以及公众休闲娱乐为一体的综合性体育场馆，如图 4-1 所示。

图 4-1　体育馆效果

4.1.2　结构形式

鄂尔多斯伊金霍洛旗索穹顶结构是目前我国第一个大型索穹顶结构工程，屋盖建筑平面呈圆形，设计直径为 71.2m，屋盖矢高约 5.5m。由外环梁、内环梁、环索、斜索、脊索及两圈撑杆等组成，表面覆盖膜结构，如图 4-2 所示。

索穹顶结构具有合理的受力特性和极高的结构效率，是最能体现当代建筑先进材料、设计和施工技术水平的结构体系。索穹顶主体结构构成可分为四个部分：由脊索、斜索、环索组成的连续张力索网，受压撑杆，中央拉力环，周边受压环桁架或环梁。索膜次结构包括由张紧于脊索之上的膜和设置在径向脊

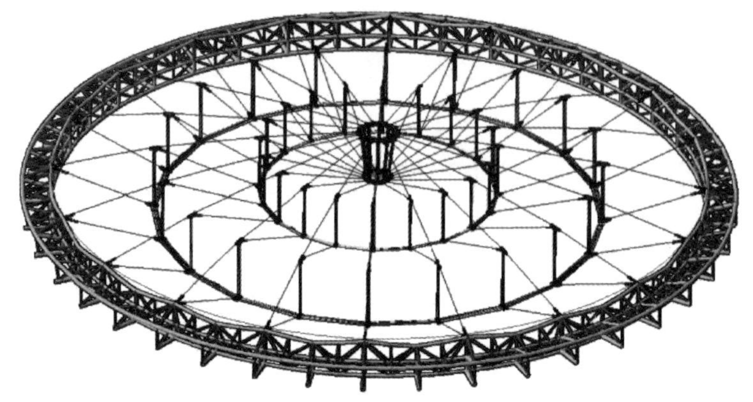

图 4-2 索穹顶结构三维图

索之间的索。预应力的施加使索穹顶从机构演变为能承受设计使用荷载的结构，所以张力索网是索穹顶结构的主要承力构件，它实现了“连续的张力海洋”结构力学先进理念，如图 4-3 所示。

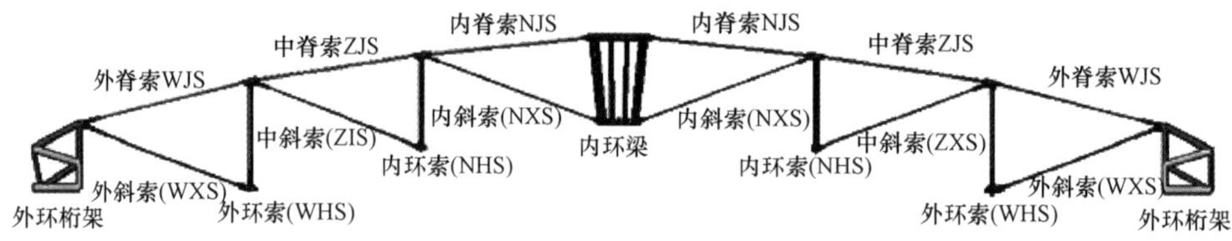

图 4-3 索穹顶结构剖面示意图

工程采用坚宜佳 Galfan 拉索，其中 $\varphi40$、$\varphi65$ 拉索为环索，$\varphi32$、$\varphi38$、$\varphi48$、$\varphi56$、$\varphi65$ 拉索为脊索及其配套的索夹，如图 4-4 所示。

图 4-4 穹顶结构成型实景图

4.1.3　设计难点

（1）鄂尔多斯伊金霍洛旗体育中心索穹顶结构是目前我国第一个大型穹顶结构工程，在缺少实践经验的情况下，单靠二维图纸很难将建筑师的想法真正的展现出来，因此采用了计算机对整个索穹顶结构进行三维模型建造，可以进行碰撞检查，优化工程设计，减少在建筑施工阶段可能存在的错误损失和返工的可能性。同时，展示建筑较复杂的节点部位，展示其设计效果，传递设计理念。

（2）该结构建于内蒙古鄂尔多斯地区，鄂尔多斯属于典型的温带大陆性气候，季节气温变化较大，冬季严寒漫长，夏季炎热短暂，昼夜温差大，年平均气温 7.1～7.4℃。根据鄂尔多斯地区近 50 年温度统计数据，多年极端最高气温为 40.2℃，出现于 1975 年 7 月 6 日；多年极端最低气温为－34.5℃，出现于 1971 年 1 月 22 日；且 30 年一遇最低气温为－41℃。环境温度与构件本身温度关系密切，但并不等同。对于一般的钢结构，通常在计算温度应力时所考虑的温度场为均匀温度场，即仅考虑年温差的影响。年温差的取值根据当地的气候条件、实际保温隔热构造的设计、具体的工艺及特殊需要而确定。

如果张拉温度与下料温度不同，则必须考虑温度作用，对预应力拉索进行应力补偿。如果张拉温度与下料温度相同，则张拉成形态不必考虑温度作用。假设施工下料温度为 15℃，而工程张拉完成温度为－15℃，则与下料温度有 30℃负温差，则应施加－30°温度作用，计算张拉成形态下外脊索和外斜索内力，按计算结果调整预应力度。

（3）鄂尔多斯伊旗索穹顶结构的撑杆下节点处，相交的杆件数量多，节点构造复杂、受力大。在节点处有拉索通过，采用普通的焊接节点处理较困难，而采用铸钢节点则可迎刃而解。以下是选取外圈环向索相连接的铸钢节点分析，在分析中采用的荷载是 φ65 斜索破断力的 0.4 倍，即 1413kN 轴力。分析软件为有限元分析程序 ANSYS，选用的单元为三维实体单元 SOLID 45，每个单元有 8 个节点，每个节点有 3 个自由度。根据计算结果可知，铸钢节点应力不大，最大等效应力为 217MPa，满足要求。由于计算模型施加约束的形式跟实际有差别，因此产生了应力集中，实际上铸钢节点应力要小于该计算结果。

4.1.4　节点设计

对于撑杆下节点，有一根斜索将索夹向环索受力的反方向张紧，索夹上方有撑杆稳固，如图 4-5（a）所示；对于撑杆上节点，撑杆上的耳板在内外环的连接上起到过渡作用，如图 4-5（b）所示；在设计拉索与外环桁架连接节点时，两根斜索将索夹向环索受力的反方向张紧，将力传递到周边桁架上，如图 4-5（c）所示；内环上下各有 30 根脊索张拉，整体吊装，如图 4-5（d）所示。

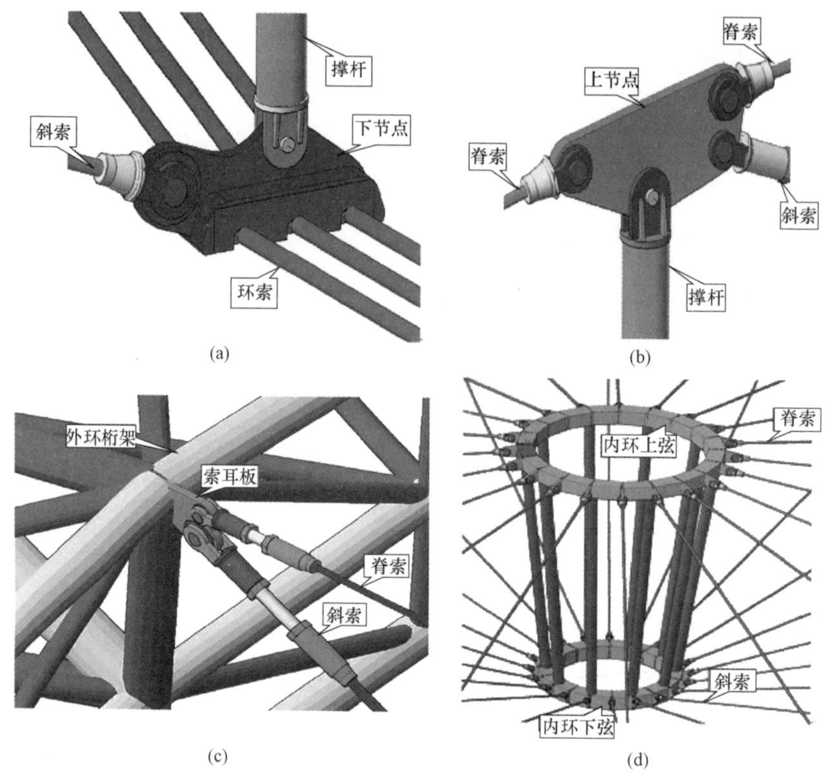

图 4-5 节点设计

(a) 撑杆下节点；(b) 撑杆上节点；(c) 外环梁节点；(d) 内环梁节点

4.2 援柬埔寨国家体育场

4.2.1 工程介绍

援柬埔寨国家体育场工程是中国“一带一路”沿线国家的重要工程。是中国政府迄今对外助援规模最大、等级最高的体育场。

项目位于金边市内洞里萨河与湄公河交汇三角洲之上国家体育公园之内，可容纳 6 万名观众，建筑面积约 8.2 万 m^2，将成为 2023 年东南亚运动会的主要场馆，援柬埔寨国家体育场的整体造型像一艘帆船，连接着中柬友谊，如图 4-6 所示。

4.2.2 结构形式

体育场南北设人字形索塔，跨度约 278m，通过斜拉索吊起东西两侧的月牙形罩棚，索塔后方设置背索。体育场建筑平面近似圆形，南北长约 314m，东西宽约 278m，塔顶标高约 99m。

图 4-6　体育场效果

罩棚体系由人字形吊塔、径向索桁架、环索、稳定索、斜拉索、背索、环梁和环柱组成，并覆盖 PTFE 膜材，最大悬挑跨度约 66m，是世界首座柔性斜拉索桁空间结构罩棚。

人字形吊塔、周围环柱和双曲环梁均为饰面清水混凝土结构。体育场周圈布置有 70 根环柱，东、西两侧各 35 根。环柱与水平面夹角 67.01°～77.31°，柱距约 10m，设计为长悬挑大倾斜混凝土柱，部分环柱内配有钢骨；环梁在环柱顶部环体育场一周，整体呈中部高、两端低的弧形线形，环梁中部高、两端底，最高点约 41m，最低点约 30m。弧顶标高在 26～39.9m，设计采用现浇混凝土结构，如图 4-7 所示。

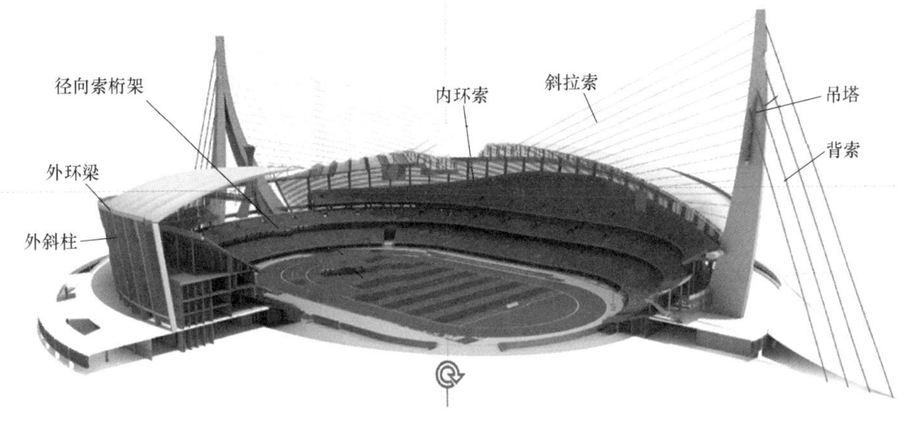

图 4-7　结构剖面

工程采用坚宜佳 Galfan 拉索，其中 φ90、φ100、φ110 拉索为环索，φ30、φ36、 φ40、φ50、φ60、φ70、φ90、φ100、φ110、φ120 拉索为脊索及其配套的索夹铸钢节点。拉索用量如表 4-1 所示，索夹用量如表 4-2 所示。

表 4-1　拉索工程用量

位置	索直径	套数	总长度(m)
背索	φ122	16	2000
环索	φ110	304	5130
斜拉索	φ110	36	4150
谷索	φ40	68	680
	φ50	36	1550
径向索	φ90	72	3400
稳定索	φ36	438	4500

表 4-2　索夹用量

位置	套数	位置	套数
环索夹	36	无稳定索撑杆节点	576
谷索分叉节点	34	有稳定索撑杆节点	216
谷索与稳定索连接节点	216		

4.2.3　设计难点

(1) 环梁、环柱与人字形吊塔共同组成整个体育场罩棚结构的支撑体系。对于柔性斜拉索桁架结构来说，通过对拉索施加预应力，建立结构刚度。由于罩棚结构内力在施工过程中不断发生变化，环柱和环梁作为罩棚支承结构，在施工过程中受力状态也会随之发生变化，使环柱、环梁结构的成形过程与设计状态存在较大差异。

(2) 由于项目索节点复杂角度多，结构成形时的拉索张力大，且结构成形前后结构刚度变化大，造成节点多而复杂。所以，拉索的节点设计是否正确成为结构设计中的关键所在。

4.2.4　节点设计

4.2.4.1　后背索节点

体育场南北设人字形吊塔，索塔高 99m，通过 8 根后背索与基础相连。体育场的屋盖采用索桁架，自重轻、刚度大，斜拉后背索与两座人字形吊塔组成两把空中“竖琴”，可实现更大跨度。“大伞＋竖琴”的结构组合代表着当今空间结构技术发展的最高水平，同时也是项目的最大难点所在。

在屋盖索桁架施工过程中，伴随着环索形状不断发生改变，吊塔承受的斜拉索力也在整个施工过程中发生相应变化，因此拉索需要做成可调锚具，便与施工张拉调整索力。相对于螺杆贯穿式，耳板连接预埋更方便，可缩小拉索间距，有利于索结构的成形，如图 4-8 所示。

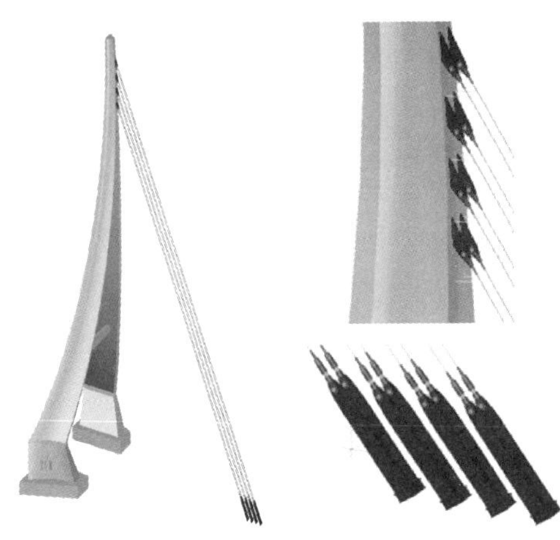

图 4-8　后备索节点

4.2.4.2　*环索节点*

环索作为柔性斜拉索桁架结构的重要承载构件，内力的变化会直接影响整个体系的受力。因此需要释放环索受力过程中的不平衡力产生。在这个项目中，环索索力分别达到 28500kN、25110kN，其中不平衡力（滑移力）达到 3390kN。如何设计环索节点成为环索设计的关键。技术团队借鉴以往的工程经验，提出了 3 种节点形式。如图 4-10 所示，结合有限元计算分析结果和施工现场条件，最终选定方案 1。

（1）螺杆式环索节点。

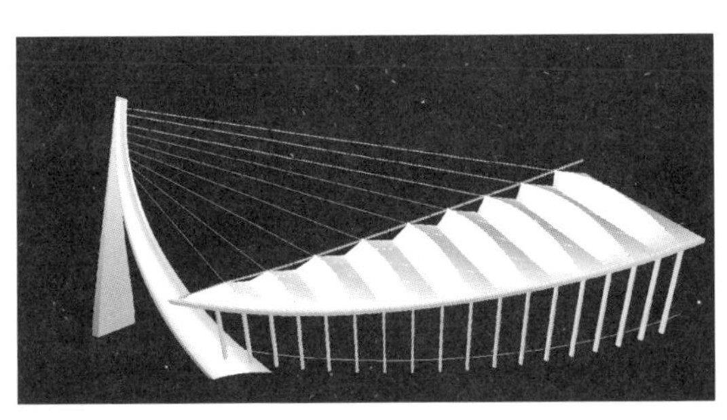

图 4-9　环索示意

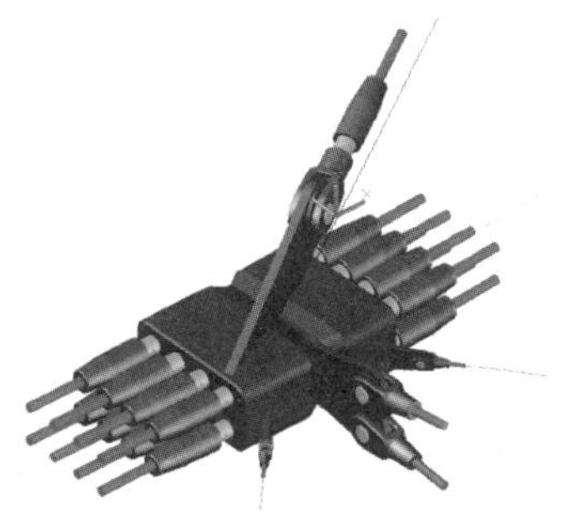

图 4-10　方案 1

节点质量约 17t、索头质量约 9t、施工和加工难度大。

加工难点：索夹很大，环索的 8 个螺纹孔非常难把控平行受力，因此采用数控编程，同一个平面基准，保证螺纹孔水平受力。

如图 4-11 所示，方案 1 最大的局部应力为 416MPa，位于斜拉耳板根部的局部应力集中，其他绝大多数位置小于 300MPa。相对于固定端面位置最大累计位移为 1.4mm。

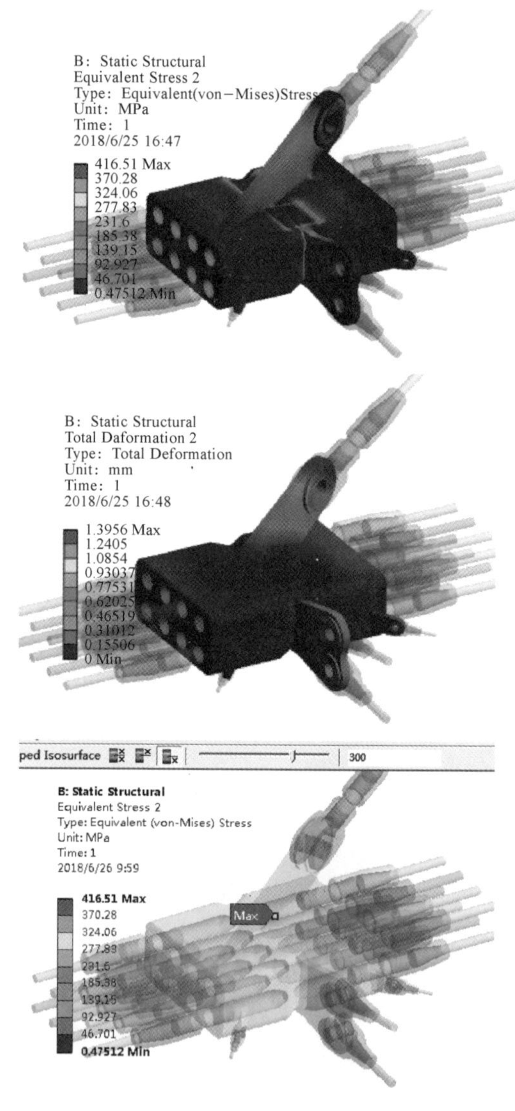

图 4-11 方案 1 计算分析

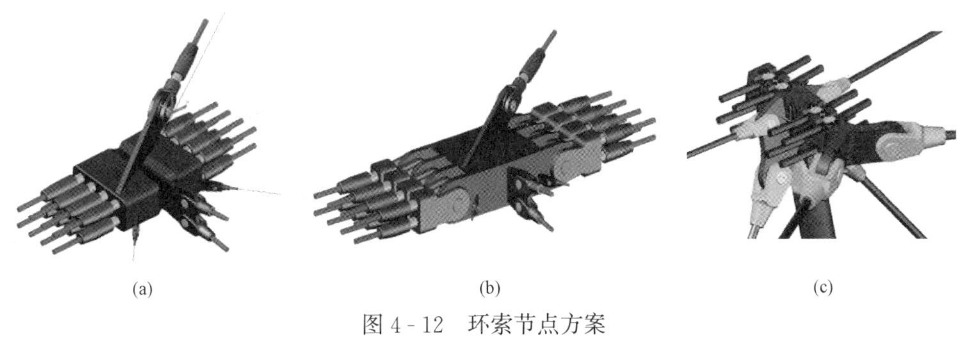

图 4-12　环索节点方案

(a) 方案 1；(b) 方案 2；(c) 方案 3

(2) 耳板式环索节点。

节点重量约 17t，索头重量约 10t，加工容易，施工方便。

加工难点：索夹很大，环索的 8 个螺纹孔非常难把控平行受力，因此采用数控编程，同一个平面基准，保证螺纹孔水平受力。

(3) 抗滑移平衡索节点。

采用环索夹+抗滑移索设计，节点重量约 10t，索头重量约 8t。

加工难点：需要保证索槽尺寸精度和粗糙度。

4.2.4.3　径向索节点

径向索的节点索夹种类繁多，耳板角度多。对每个节点进行有限元建模和有限元分析，确保每个位置角度符合设计要求及安装要求，如图 4-13 所示。

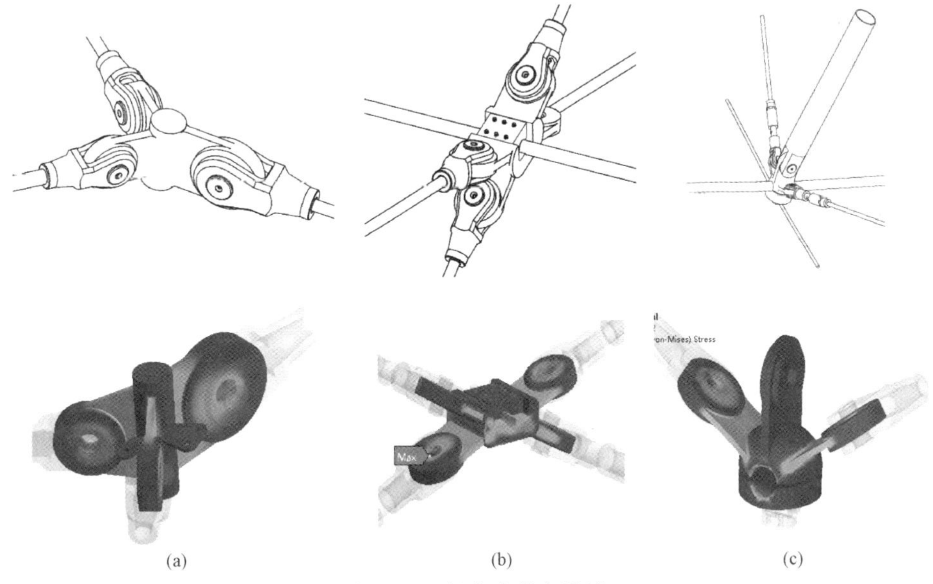

图 4-13　径向索节点设计

(a) 谷索交叉节点；(b) 谷索与稳定索连接节点；(c) 稳定索撑杆节点

4.2.5 模型试验

援柬埔寨国家体育场罩棚采用新型结构体系——斜拉柔性索桁结构，具有自重小、刚度大、跨度大、造型新颖、构件数量和类型多、设计要求高等特点。基于以上特点，在工程实施前，浙江大学进行了 1∶15 模型试验，对本工程新型索杆张力结构开展试验研究。通过理论计算分析和模型试验，形成一套合理有效的张拉成型控制技术，保证结构成型和初始预张力的精度，为工程顺利施工提供技术支撑，如图 4-14 所示。

图 4-14　模型试验

4.2.6 施工过程

通过理论计算分析和模型试验研究，在施工前合理选择主动张拉索类型，确定斜拉索张拉端位置，优化铺索，展索工艺。研究张拉同步性及成型过程中与结构变形的协调性，对施工过程进行监测，总结形成了斜拉柔性索桁结构的多项关键施工技术，确保结构成型满足设计要求的同时保证了预张力精度，如图 4-15 所示。

图 4-15　施工现场

4.3　石家庄国际会展中心

4.3.1　工程介绍

石家庄国际会展中心是“全无柱设计”的全球最大悬索结构会展中心，是河北省石家庄市重点项目，位于正定新区核心位置，是集展览、会议、活动等于一体的大型综合性场馆。建设内容包括中央大厅、观光塔、会议中心、七个标准展厅（每个展厅容纳 428 个标准展位）、一个大型多功能展厅（容纳 792 个标准展位），由中央枢纽区串联，如图 4 - 16 所示。

图 4 - 16　石家庄国际会展中心

石家庄国际会展中心项目的设计理念采用“一桥居中、两水分片”：建筑整体犹如波光粼粼江面上的赵州桥。展厅屋面和登录厅屋面为水面的意象，枢纽区作为拱桥的意象。一桥是指赵州桥，两水是指滹沱河。建筑造型新颖别致，富有艺术表现力，呈现出连续悬山式屋顶，如图 4 - 17 所示。

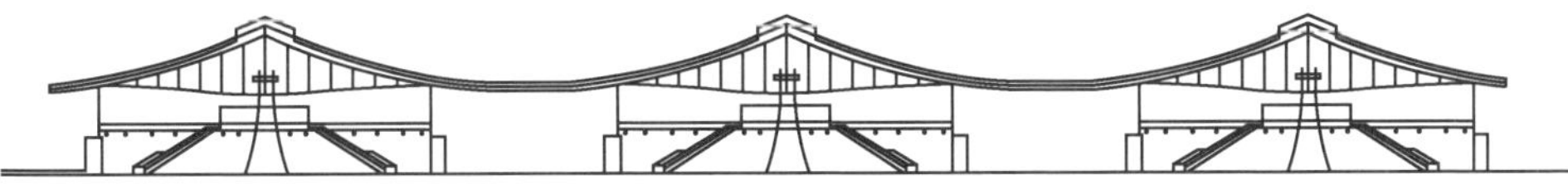

图 4 - 17　悬山式屋顶

结构体系复杂，采用了双向悬索结构体系，其中纵向主承重采用自锚式悬索结构，横向次承重采用双层索桁架结构，传力方式特殊，为增大屋盖平面内刚度，还设有水平交叉支撑。屋面在荷载作用下形状为悬链线，体现出自然、合理、高效的表达形式，如图 4 - 18 所示。

石家庄国际会展中心的 7 个标准展厅全部采用全球罕见的双向悬索结构。展厅采用大跨度屋盖，主承重结构最大跨度 105m，次承重结构最大跨度 108m，是汉诺威会展中心悬索结构跨度的 3 倍，继德国汉诺威会展中心（跨度 36m）

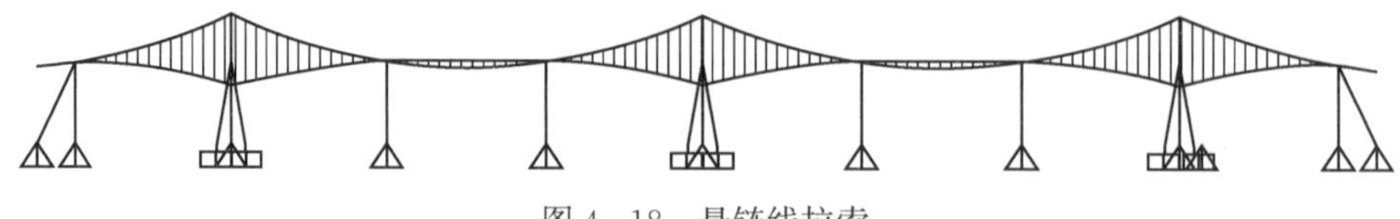

图 4-18 悬链线拉索

后，世界第二个悬索结构展馆。所有展厅实现了“全无柱设计”，展厅面积得以最大化利用，不仅能够使场馆采光及视线效果达到最佳，还能最大程度地释放空间，确保单个展厅的有效参展面积最大化，同时又保证了整体空间连通性，如图 4-19 所示。

图 4-19 展厅内部

整体结构由屋盖结构支承柱、纵向自锚式悬索桁架、横向双层索桁架组成。为增大屋盖平面内刚度，设置了水平交叉支撑，柔性索体上部为刚性铝镁锰屋面。其中纵向自锚式悬索桁架为主受力桁架，横向双层索桁架为次受力桁架。纵向自锚式悬索桁架由 A 形柱、主悬索、外斜索、锚地索、桁架上下弦杆及自锚杆组成，如图 4-20 所示。横向双层索桁架由边立柱、边斜索、屋面承重索、稳定索、撑杆及水平定型拉索组成，如图 4-21 所示；横向双层索桁架间设置有屋面檩条，局部设置屋面交叉撑，中部根据建筑造型需要设置两根立柱。

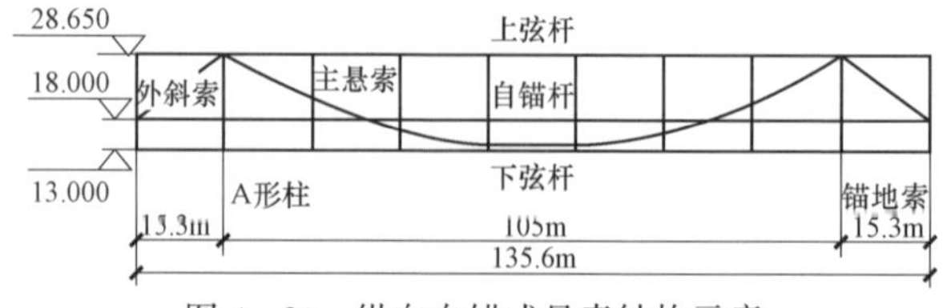

图 4-20 纵向自锚式悬索结构示意

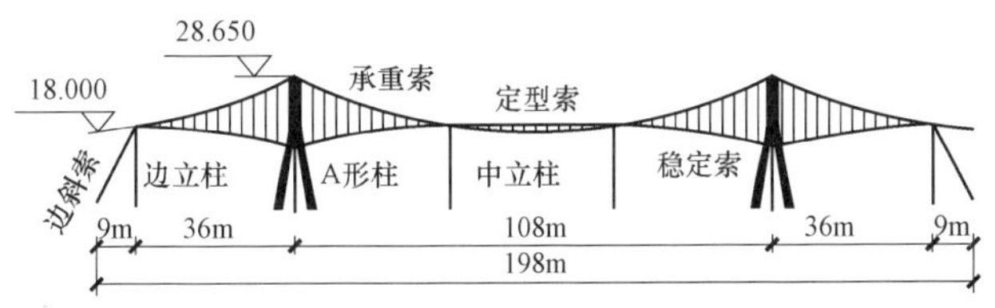

图 4-21 横向自锚式悬索结构示意

整个屋盖系统传力途径为屋面重力荷载由檩条传至横向双层索桁架，再由横向双层索桁架传至纵向自锚式悬索桁架。竖向力传给竖杆，竖杆没有侧向刚度，不能提供水平反力，水平反力由边拉索和边柱提供，用来和次索内力形成力偶。整体传力途径如图 4-22 所示。

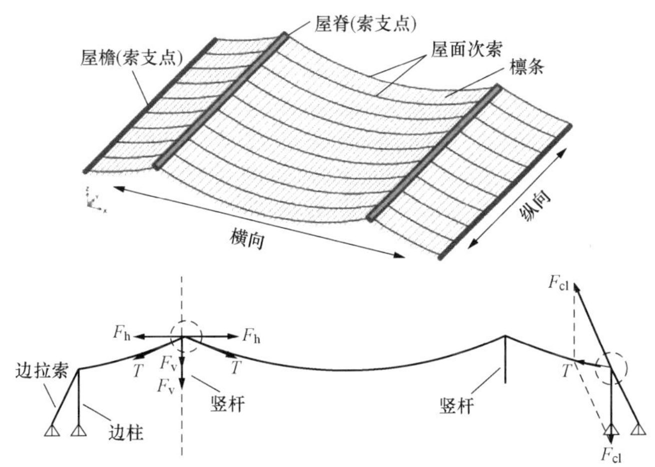

图 4-22 传力途径

4.3.2 节点设计

对于悬索结构来说，拉索作为主要的受力构件，采用坚宜佳 Galfan 拉索，主要涉及 φ26、φ63、φ86、φ97、φ113 拉索及其配套的索夹铸钢节点。拉索节点的设计是结构安全的重要因素。因此选取受力关键部位的节点（见图 4-23），进行节点深化设计，确保节点安全性。

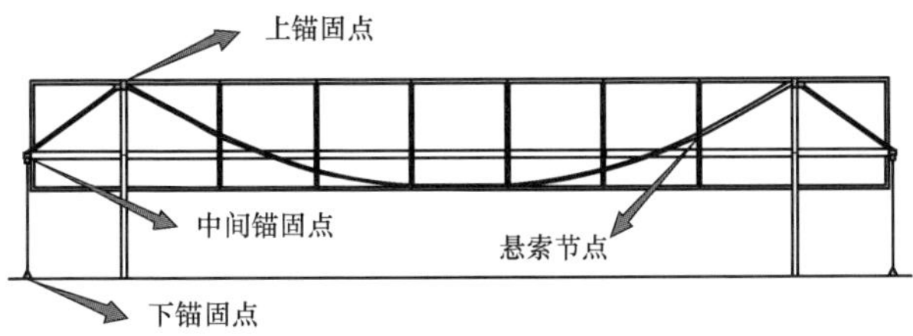

图 4-23 结构关键节点

（1）下锚固点与中间锚固点之间拉索 LS2 为 4 根 φ97 组成竖向主受力索，为保证拉索在后期施工过程中的安全可靠，在深化过程中，已充分考虑索锚具的尺寸，同时也能保证拉索的受力可靠性，如图 4-24 所示。

（2）中间锚固与上锚固点之间拉索 LS1 为 4 根 φ133 组成的斜拉索，节点采用转体铰接设计，保证拉索在受力过程中竖向拉索和斜拉索同心同轴传递，如图 4-24 所示。

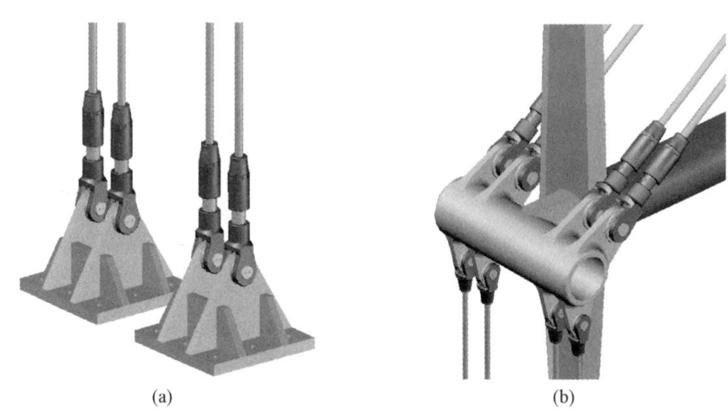

(a) (b)

图 4-24 锚固结节

（a）下锚固节点；（b）中间锚固节点

（3）两上锚固点之间拉索 LS1 为 4 根 φ133 组成的斜拉索，节点采用铸钢节点，能充分保证斜拉索与悬索之间在同一平面内受力，如图 4-25 所示。

（4）悬索节点索夹采用铸钢件设计，在保证索夹预紧力的前提下，将精巧顺滑发挥到极致，保持与设计思路的一致性，如图 4-25 所示。

（5）斜拉索夹的设计考虑到节点两侧拉索规格和数量不同，在保证索夹预紧力的前提下，将精巧顺滑发挥到极致，保持与设计思路的一致性，如图 4-25 所示。

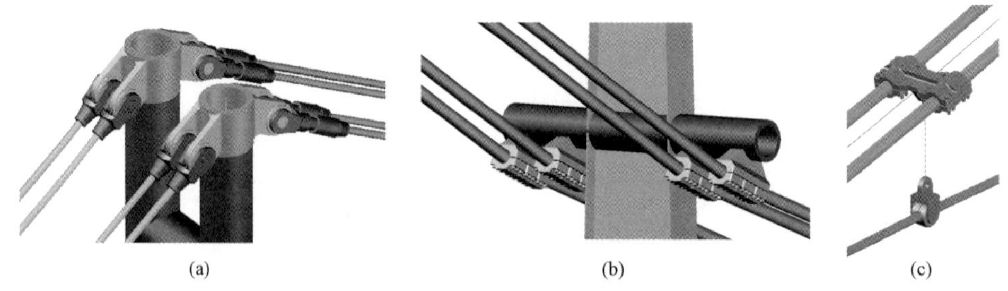

(a) (b) (c)

图 4-25 锚固节点

（a）上锚固节点；（b）下锚固节点；（c）斜拉索节点

4.4　三亚市体育中心体育场

4.4.1　工程介绍

三亚市体育中心为亚沙会主要比赛场地，位于海南省三亚市吉阳区抱坡路，占地面积445亩，总建筑面积33万 m^2，主要建设1个4万座的体育场、1个1万座的体育馆和1个3000座的游泳馆，配套建设公共服务建筑、地下停车场及设备房、热身练习场、全民健身广场、全民健身公园等，如图4-26所示。

图4-26　三亚体育中心效果图

国内现有的体育场馆多以重屋面为主，以抵抗风吸力，体育场项目一改传统的建筑材料而使用索膜结构，其重量轻盈，且膜结构可以从根本上克服传统结构在无支承、大跨度建筑上所遇到的困难，可创造巨大的无遮挡可视空间。造型也更为自由轻巧、绿色节能环保，如图4-27所示。

图4-27　三亚市体育中心体育场建设中

4.4.2 结构体系

体育中心采用双层轮辐式索桁架结构，索结构整体呈椭圆形，平面投影短轴 224m、长轴 261.8m；中心开口短轴 134m，长轴 171.8m。索结构由上环索、下环索、104 根交叉索以及 52 榀径向索桁架组成。环向索与径向索均采用 Galfan 密封索，拉索截面最大直径 120mm；内环交叉索采用波形锚 CFRP 平行板索，如图 4-28 所示。

图 4-28 拉索结构体系

目前，体育场项目索桁架结构全部采用了国产 Galfan 密封索，最大直径达 120mm，是国内综合性体育场建设中使用的最大直径；施工使用的 G10MnMoV6-3+QT2 铸钢索夹，在国内首次运用到建筑当中。上下环索间的交叉索采用碳纤维拉索，该碳纤维拉索抗拉强度达到 3000kN，设计长度 19m，直径小、破断力大，能有效降低索体直径及重量，在国内也是首次应用于体育场馆建筑中，如图 4-29 所示。

图 4-29 碳纤维拉索

4.4.3 节点设计

体育场索结构采用双层轮辐式索桁架结构体系。该体系是由一道上拉环、一道下拉环、一道压环梁、52 组内环交叉索及沿环向布置的 52 榀径向索桁架组成。作为国内创新型的索膜结构，节点设计是保障体系安全的重要环节，因此对索结构进行整体建模分析，并对关键节点进行优化设计，从而满足设计要求，如图 4-30 所示。

(1) 环索节点。

选用双层轮辐式索桁架结构体系，会造成环索受力时的不平衡力变大，因此在设计节点时，要考虑留有足够的环索夹索槽的夹持长度。经与设计院多次沟通，最终确定索夹宽度尺寸 600mm，从而降低索夹重量，减少屋面自重荷载。此外，在中间位置采取“掏处理”，使得设计更加合理美观，如图 4-31 和图 4-32 所示。

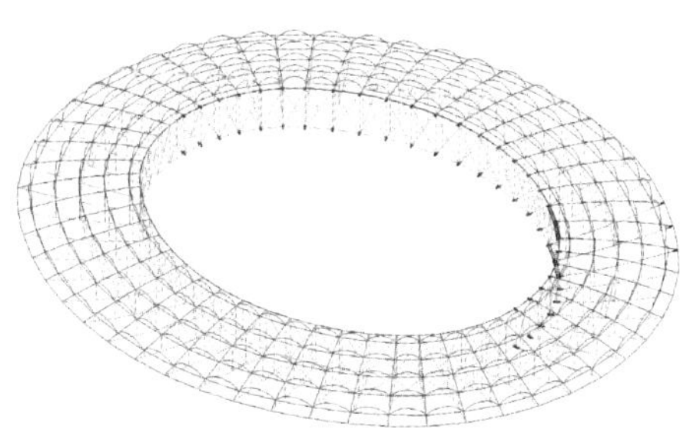

图 4-30　整体建模

图 4-31　下环索夹

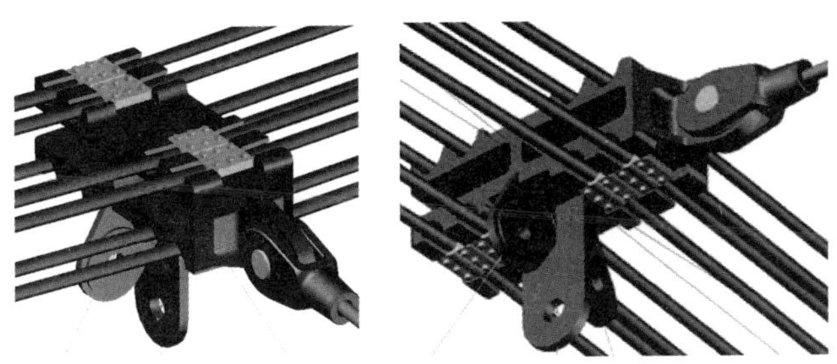

图 4-32　上环索夹

(2) 径向索夹。

径向索夹设计了制动凸块，提高索结构索夹节点抗滑移能力的节点构造。制索夹盖板插入索夹本体的抗剪制动凸块，如图 4-33 所示。

(3) 交叉稳定节点。

在内拉环平面内增加内环碳纤维交叉索，使上环索、下环索、环索撑杆和内环交叉索形成竖向桁架。该桁架具有较强竖向刚度，可提高屋盖抵抗竖向不均匀荷载的能力。工程实践表明，通过增加内环交叉索，结构整体刚度明显提高，动力响应显著降低，如图 4-34 所示。

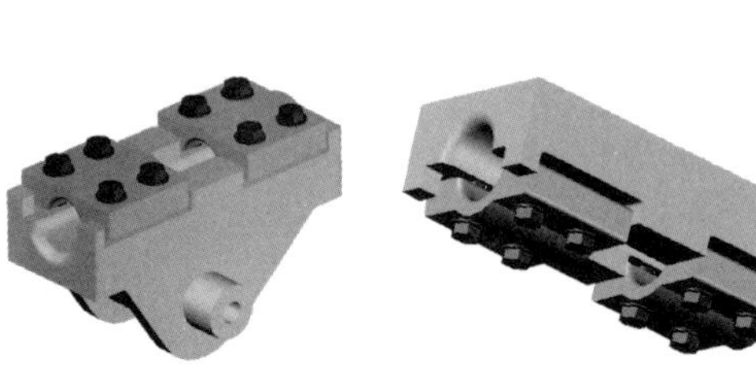

图 4-33 径向索夹

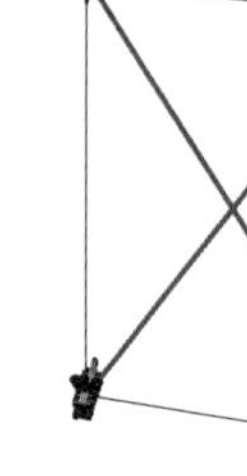

图 4-34 交叉稳定节点

（4）现场施工。

根据索结构采用的双层轮辐式索桁架结构体系，体育场项目部采用低空无应力组装、空中牵引提升、高空分级同步张拉的方式，主要工序分为七步。第一步铺设上下径向索、上环索、工装索，连接上径向索、上环索。第二步提升上径向索。第三步铺设下环索，连接下环索与下径向索。第四步索网整体牵引提升并在合适位置安装中间撑杆。第五步锚固上径向索。第六步下径向索提升，逐步进行撑杆与下径向索的连接，锚固下径向索。第七步安装内环交叉索。

图 4-35 三亚市体育中心施工过程

4.5 郑州奥体中心

4.5.1 项目介绍

“迎民族盛会，庆七十华诞”，2019 年 9 月 8 日，第十一届全国少数民族传统体育运动会在郑州举行。郑州奥体中心作为第十一届全国少数民族传统体育运动会主会场，工程总建筑面积 58.4 万 m^2，是河南省单体建筑面积最大的公建项目，包括 6 万座大型甲级体育场、1.6 万座大型甲级体育馆、3000 座大型甲级游泳馆，建成后将与文博艺术中心、市民活动中心和郑州现代传媒中心组成郑州市民公共文化服务区“四个中心”，如图 4-36 和图 4-37 所示。

图 4-36　郑州奥体中心夜景

图 4-37　郑州奥体中心内景

4.5.2 结构体系

郑州奥体中心体育场屋盖体系属于超大跨径开口车辐式索承网格结构，采用“三角形巨型桁架＋立面桁架＋网架＋大开口车辐式索承网格”的组合结构体系（见图 4 - 28）。索承网格结构南北长约 257.9m、南北悬挑 30.8m；东西长约 237.0m，东西悬挑 54.1m。其中，下弦索杆体系与上部单层网格构成自平衡体系，通过张拉索，在撑杆中产生向上的支撑力，对上部网格形成弹性支承，网格构件截面小。为了确保结构安全，结构采用索力健康监测系统，同时对所有节点进行索夹抗滑移测试，为目前国内技术含量较高的体育场馆之一，如图 4 - 38 所示。

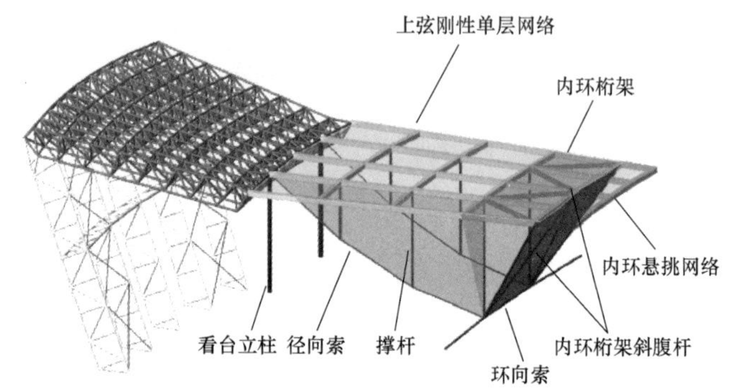

图 4 - 38 体育场钢屋盖结构体系

4.5.3 节点设计

郑州奥体采用的车幅式索承网格结构以张拉索杆为主要承重构件，可充分发挥拉索的高强材料特性，大幅减小对主体结构的作用，从而经济有效地跨越较大跨度。

屋盖的环向 Galfan 密封索直径为 130mm，单个索夹重达 6.5t，为当时国内之最。径向索采用坚宜佳 φ116、2×φ119、φ140Galfan 拉索，稳定索采用坚宜佳 φ16、φ30、φ38Galfan 拉索。拉索相关产品总用量达到 1115t，为国内用量较大的体育场馆项目之一。

1. 单索桁架节点深化

单索桁架共有两种，分别对应径向索直径 φ116、φ140。边锚固点采用索头与耳板铰接形式，撑杆节点采用转体铰接分体设计。为保证拉索在后期施工过程中的安全可靠，在深化过程中已充分考虑索锚具的尺寸，同时也能保证拉索的受力可靠性，如图 4 - 39 所示。

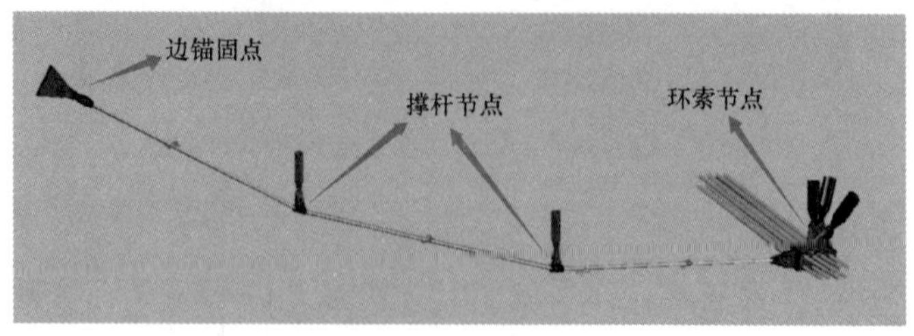

图 4 - 39 单索桁架

边锚固点采用索头与耳板铰接形式，为保证拉索在后期施工过程中的安全可靠，在深化过程中已充分考虑索锚具的尺寸，同时也能保证拉索的受力可靠性。如图 4 - 40 所示。

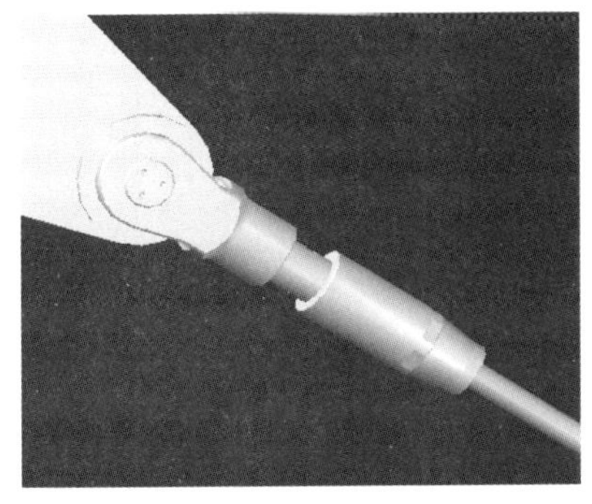

图 4 - 40　边锚固点

撑杆节点采用转体铰接分体设计，拉索在受力过程中，竖向拉索和径向索同心同轴传递，便于后期施工，如图 4 - 41 所示。

环索夹上下两侧设计槽口，槽口开口部分均沿径向索反方向设计，能满足多根环索同时受力，如图 4 - 42 所示。

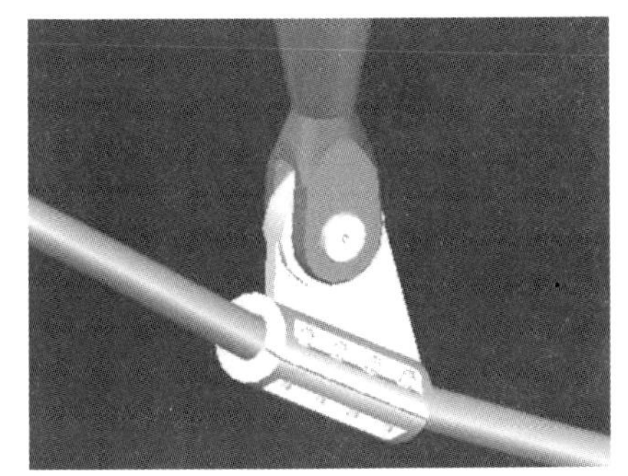

图 4 - 41　撑杆节点

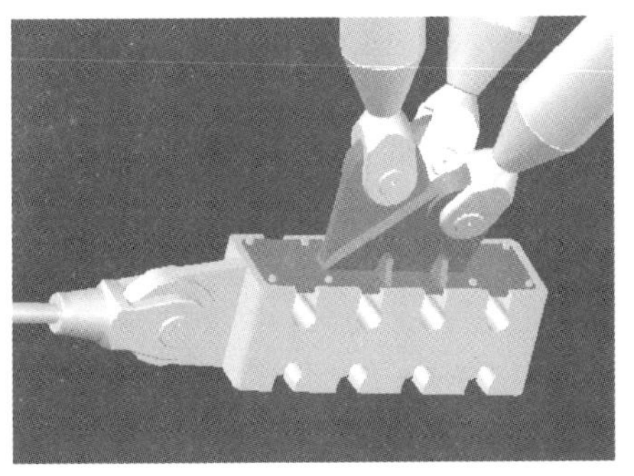

图 4 - 42　环索节点

2. 双索桁架节点深化

针对结构体系中出现的两根拉索同时汇交于一点的节点形式，开发出两根拉索共同浇铸在一个锚具上的合铸锚锚具。这种新型锚具不仅实现了连接功能，而且让受力点与计算模拟一致，确保受力更合理，从而减轻节点自重，使外观更为小巧精致，如图 4 - 43 所示。

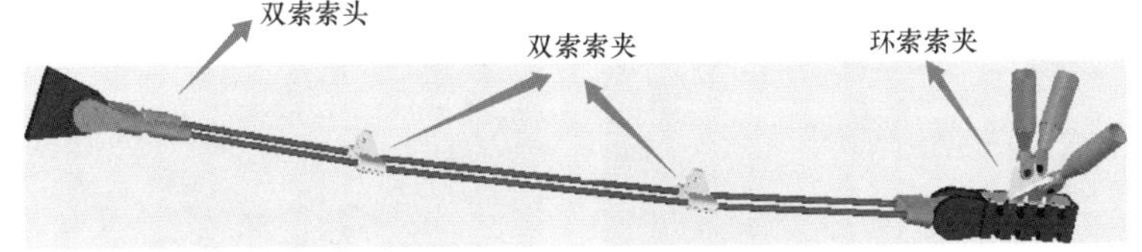

图 4 - 43　双索桁架节点

双索节点保证后期斜索能同时受力且降低单索受力，拉索锚固节点采用同锚双索结构，同时也便于后期的施工张拉，如图 4 - 44 所示。

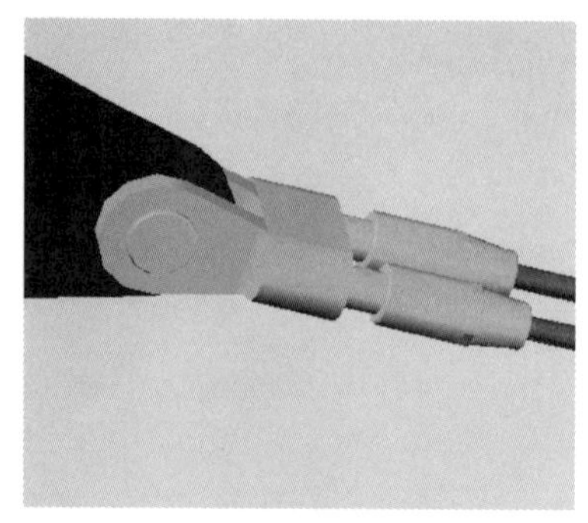

图 4-44 双索节点

悬索节点索夹采用铸钢件设计，在保证索夹预紧力的前提下，将精巧顺滑发挥到极致，保持与设计思路的一致性，如图 4-45 所示。

分段索节点的设计考虑到节点两侧拉索规格和数量不同，故索夹采用铸钢节点形式，将两侧分部不均的力值通过竖向钢柱重新再分布，有效保证了结构的稳定性，如图 4-46 所示。

施工现场见图 4-47。

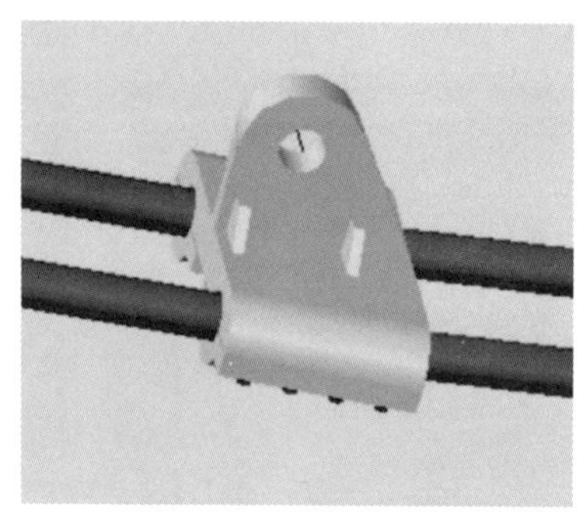

图 4-45 悬索节点

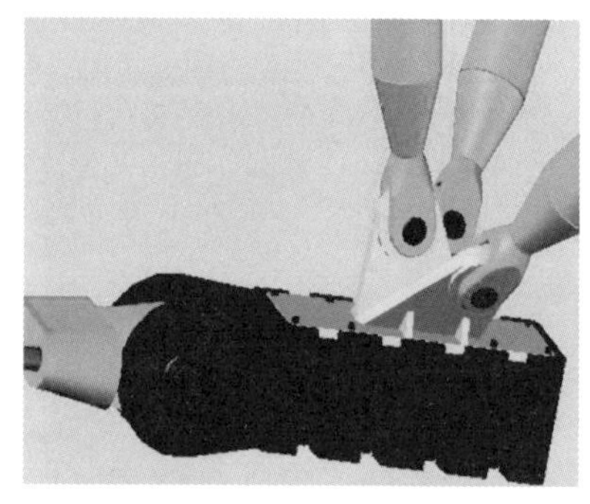

图 4-46 分段索节点

图 4-47 施工现场

4.6　长春奥林匹克公园体育场

4.6.1　项目介绍

长春奥林匹克公园于 2012 年开始建设，是长春市“十二五”期间规划建设的重大项目之一，位于长春新区核心区北湖科技开发区，集竞技训练、体育培训、健身娱乐、休闲旅游、商务会展等功能于一体，可满足大型赛事需要。公园总占地面积 52.76 万 m^2，拥有能容纳近 4 万人的体育场、能容纳 1 万人的体育馆、能容纳 3000 人的游泳馆、能容纳近 10 万人的全民健身馆，如图 4 - 48 所示。

图 4 - 48　长春奥林匹克公园体育场夜景

长春奥林匹克公园体育场采用独特的轮辐式张拉结构，总建筑面积为 56186m^2，总座位数 32200 个，建筑结构高度为 38.5m，罩棚桅杆顶高度为 60m。结构平面投影近似圆形，其长轴方向长度为 254.5m，短轴方向长度为

249.2m。中心内环索为平面椭圆形，通过脊索、谷索与圆形外环钢结构桁架相连，立面呈马鞍造型。脊索与谷索呈放射状高低设置，并通过与高强度 PTFE 膜材的共同成形作用，形成波浪状优美的造型，如图 4-49 所示。

图 4-49 长春奥林匹克公园体育场内景

体育场屋盖的结构体系是由钢结构系统、拉索系统和膜系统组成。其中钢结构系统布置在体育场的外围，由三角形巨型空间环桁架、桅杆和斜撑杆组成。拉索体系为双层轮辐式拉索结构，项目拉索采用坚佳宜 Galfan 拉索，主要由环索 $\varphi110$、谷索 $\varphi135$、内脊索 $\varphi120$、脊索 $\varphi135$、背索（包括上外脊索 $\varphi120$、下外脊索 $\varphi120$、侧脊索 $\varphi65$、内拉索 $\varphi85$、外拉索 $\varphi85$ 和连系索 $\varphi65$）组成，如图 4-50 所示。

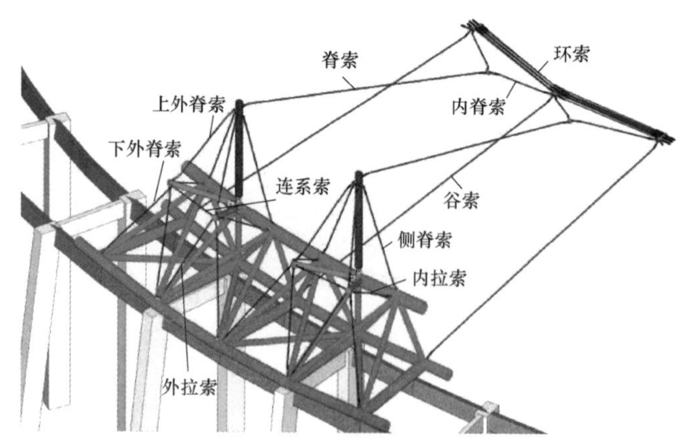

图 4-50 体育场拉索布置

4.6.2　节点设计

本工程屋盖体系除环桁架、桅杆和斜撑杆外，均为柔性拉索。拉索种类有10种，共610根结构索。结构成形时的拉索张力大，且结构成形前后结构刚度变化大，造成节点多而复杂（见图4-51）。所以，拉索的节点设计是否正确成为结构设计中的关键所在。拉索体量见表4-3。

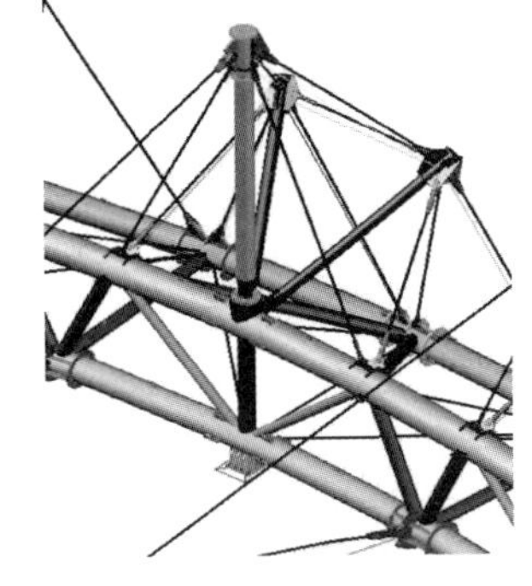

图4-51　背索体系

表4-3　　拉索体量

钢索名称	钢索直径/mm	钢丝强度/(N/mm^2)	钢索破断荷载/kN	钢索数量/根
环索	110	1570	10625	20
谷索	135	1670	15246	40
内脊索	120	1670	12047	80
脊索	135	1670	15246	40
上外脊索	120	1670	12047	80
下外脊索	120	1670	12047	80
侧脊索	65	1670	3574	80
内拉索	85	1670	6116	80
外拉索	85	1670	6116	80
连系索	65	1670	3574	40

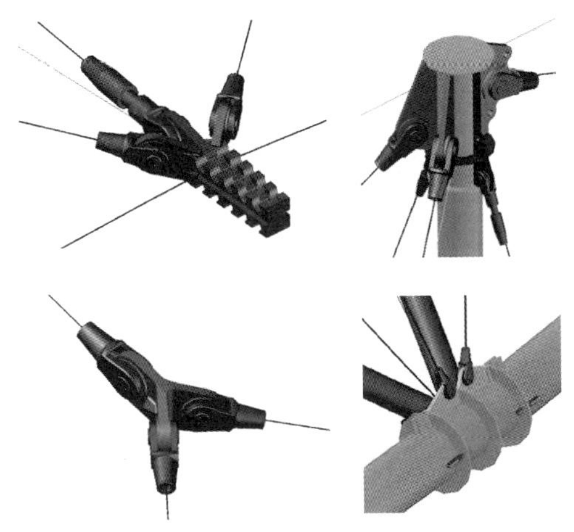

图4-52　部分节点设计

此外，由于该结构体系与以往的轮辐式张拉结构不同，取消了上外压环。而是通过背索拉紧桅杆，平衡径向脊索的部分拉索力。以设置背索的桅杆构造替代上压环，使得结构看起来更加轻巧，但因此增加了拉索的种类和数量，使节点更加复杂，同时增加了施工难度。因此如何让12根拉索仅占据一榀位置便可完美呈现膜结构造型，成为节点设计的重中之重，部分节点设计如图4-52所示。

针对本工程的工程特点和施工难点，经过施工模拟分析，本工程采用低空组装，整体提升张拉施工工艺。具体施工步骤如下：安装主桅杆钢结构以及桅杆→安装上部 7 根背索，包括侧脊索、上外脊索、内拉索、连系索→安装斜撑杆→安装下部 4 根背索，包括下外脊索、外拉索→搭设张拉平台，铺设环索并索好夹具→安装径向脊索及谷索→牵引脊索以同步提升环索→张拉谷索。

图 4-53 施工中的体育场拉索屋面

4.7 中铁青岛世界博览城

4.7.1 项目介绍

中铁青岛世界博览城是东亚海洋合作平台永久性会址和标志性建筑，世博城项目将以规划建设国际展览中心、国际会议中心、国际文化艺术交流中心、国际会展配套商务中心、国际海滨医疗养生中心、国际海滨旅游购物中心、海滨森林公园运动中心、高铁新技术研发中心“八大中心”为驱动，打造享誉亚太的国际滨海博览新城，如图 4-54 所示。

高雅、轻巧的结构构件，勾勒出整个中央展廊的宏大的场所空间，均匀布置的结构杆件体现出强烈的韵律感，巧妙优化的结构节点，充分融入了整个建筑空间，丰富而不杂乱，同时轻盈的结构系统也减少了对空间的压抑感。2019 世界结构大奖 The Structural Awards 获奖名单揭晓。由中国建筑设计研究院原

图 4-54　青岛世界博览城

创设计的“青岛世界博览城”项目在经过“结构艺术奖”“大跨度结构奖”两项提名后，最终荣获“结构艺术奖（建筑物类）”，如图 4-55 所示。

图 4-55　获奖证书

4.7.2　结构体系

为了呈现出最为轻盈的结构形式，项目展廊设计采用了一种新型的预应力索拱，呈十字形平面，长 500m、宽 47m 的主展廊，与长 300m、宽 32m 的展廊相交，其截面高度仅为 500mm，可实现长达 48m 的跨度，其结构设计在巨大的展厅之间，营造了宏伟而明亮的交通空间。索夹、拱脚等铸钢构件都进行了巧妙的精简，实现了最为紧凑的连接，保证了现场施工的快速与安全。这种索拱与传统拱形结构相比，能够节省一半以上的用钢量。如图 4-56 所示。

展廊结构由主拱、次拱、交叉拱、拱间的连系杆和斜拉杆组成，主次拱端设置端拱；每榀索拱结构由钢拱、弦索和两者之间的钢拉杆组成，索拱结构是索和拱组成的一种杂交结构。利用索的拉力或撑杆提供的支承作用，以调整结构内力分布并限制其变形的发展，进而有效提高结构的刚度和稳定性。拉索与撑杆相比于传统的桁架杆件，截面更为纤细轻盈，从而营造出通透美观的室内

(a)

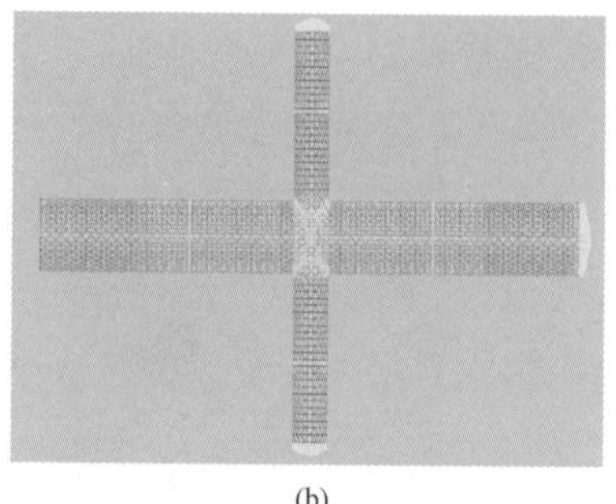
(b)

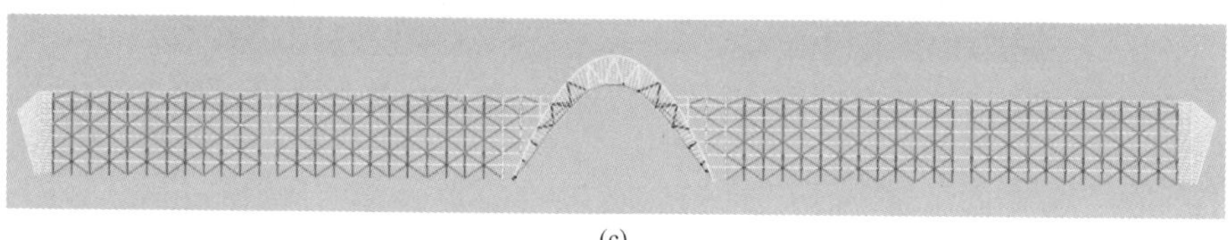
(c)

图 4-56 十字展廊
(a) 实景；(b) 平面；(c) 剖面

观感，展现结构的自身美，如图 4-57 所示。

拱方向跨度为 47.46m，矢高为 28.75m，矢跨比为 1∶1.6。次拱方向跨度为 31.56m，矢高为 19.15m，矢跨比为 1∶1.6，均属高矢跨比拱形。主次拱沿其纵向，每隔 4.5m 布置一榀。经过多种典型体系对比，最后采用新型的三角形柔性撑杆的弦撑式索拱结构，为钢拱（上弦）+拉杆+拉索（下弦）的空间结构体系。下弦拉索采用坚宜佳 φ56、φ68Galfan 索，采用热铸的索头和调节套筒，钢拱和弦索之间拉杆采用坚宜佳 φ30、φ35、φ45、φ50 的 650 级等强拉杆以及配套的索夹，如图 4-58 所示。

图 4-57 展廊结构

图 4-58 索拱结构

4.7.3 节点设计

发挥拉索和高强钢拉杆的拉力作用，调整结构内力分布，控制结构变形的发展，有效提高结构的刚度和稳定性。索拱结构相比于传统的桁架结构，截面更为纤细轻盈，从而营造出通透美观的室内观感，展现出结构美。

索拱下弦 Galfan 拉索与腹杆钢拉杆采用铰接索夹构造设计，索夹设计在考虑充足的抗滑移力的情况下，尽可能达到轻巧美观。采用铸钢节点设计，最大可满足 215kN 的抗滑移力，同时保证了索夹传力最优，构造简洁的特点。索拱结构的下弦节点，如图 4-59 所示。

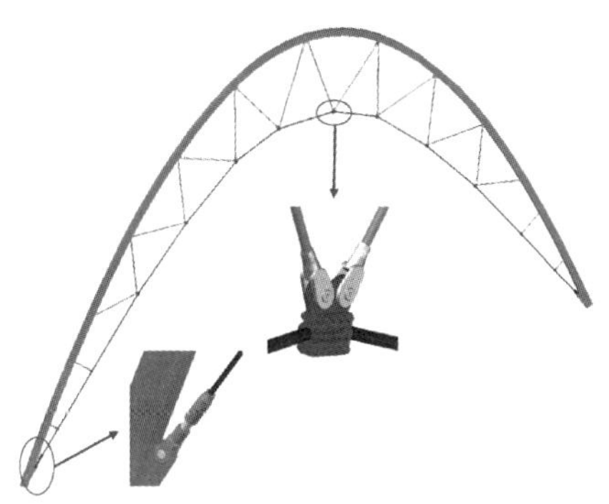

图 4-59 索拱节点

设计过程中，对索杆锚具和索杆节点进行了弹塑性铸造模拟分析，优化产品结构、提升产品质量，使产品更安全可靠，满足设计要求，如图 4-60 和图 4-61 所示。

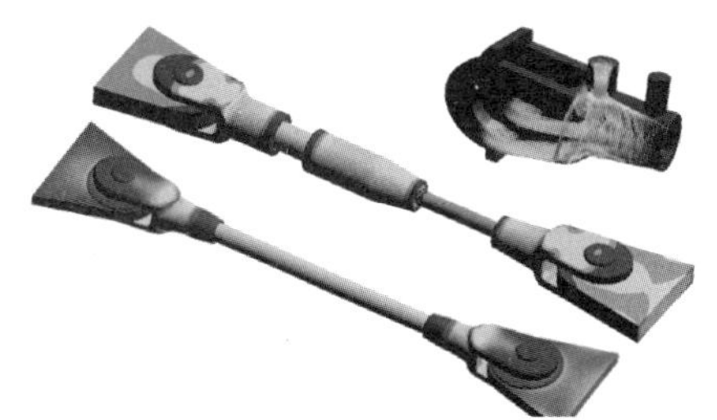

图 4-60 索杆产品分析

图 4-61 索节点分析

由于荷载的不对称性，节点两侧主索不平衡力最大值达 150kN，抗滑移力初步估算 215kN，索夹节点存在不平衡力，需考虑索夹抗滑移因素。施工单位进行了索夹抗滑移测试，从配件的生产工艺、表面粗糙度、索槽喷锌厚度、螺栓预紧力设计等方面进行了全方位考虑，保证了试验顺利通过及产品质量，如图 4-62 所示。

图 4-62 滑移试验

施工过程：先在胎架上或者滑移安装上弦屋盖，张紧面外交叉斜索——拆除胎架——安装斜腹索和主索——调整斜腹索至设计索长——张拉主索——逐根微调腹索至设计索力——安装屋面 PC 板。施工过程如图 4-63 所示。

(a) (b) (c)

图 4-63 施工过程

4.8 国家雪车雪橇中心

4.8.1 项目介绍

作为北京 2022 年冬奥会延庆赛区的两个新竞赛场馆之一，国家雪车雪橇中心项目为国家填补了空白，场馆从设计到施工的全过程都经过国际奥委会、国际单项组织和冬奥组委的审核，其设计已达到国际同类型场馆的领先水平。国家雪车雪橇中心为冬奥会期间雪车、钢架雪车和雪橇的比赛以及冬奥会后国际单项协会组织举行的世界级比赛提供了保障，同时也为中国运动员提供了训练场地。该项目在完成奥运比赛的同时，也成为可持续发展的奥运遗产，如图 4-64 所示。

国家雪车雪橇中心位于冬奥会延庆赛区西南侧，是冬奥会中设计难度最高、施工难度最大、施工工艺最为复杂的新建比赛场馆之一，同时也是国内首条雪

图 4 - 64　国家雪车雪橇中心

车雪橇赛道。赛道全长 1975m，最高设计时速 134.4km，垂直落差超过 121m，具有世界独一无二的 360°回旋弯的赛道，如图 4 - 65 所示。

图 4 - 65　国家雪车雪橇赛道

赛道区的遮阳顶棚为单边悬挑的钢木组合结构，结构柱位于赛道每个弯道的外侧，赛时遮阳帘完全打开，观众可毫无遮挡地观看比赛。赛道全程安装防撞挡板，保护运动员的滑行安全，如图 4　66 所示。

图 4 - 66　遮阳顶棚

4.8.2 结构体系

国家雪车雪橇中心主赛道采用全世界顶尖的赛道设计，建筑造型宛如一条游龙，飞腾于山脊之上，整个赛道全长 1935m，赛道的起点标高为 1017m，结束点标高为 84.42m，最低点标高为 896.05m，赛道最大高差为 121m，最大坡度 18%。

赛道遮阳棚钢木组合结构按照赛道制冷单元划分为 54 段，包含 279 榀钢木组合梁，下部钢结构由钢柱脚、V 形柱、钢承梁和 V 形柱柱间水平支撑及部分组成，上部由厂家工厂加工，整体运输至现场安装。钢承梁两端为 50mm 厚钢板，中间为箱形梁，V 形圆管柱及 V 形柱柱间水平支撑为无缝钢管，材质均为 Q345D。钢木组合梁单榀最大质量 15t，最大悬挑长度 13m。木材用量约 1445m^3，如图 4 - 67 所示。

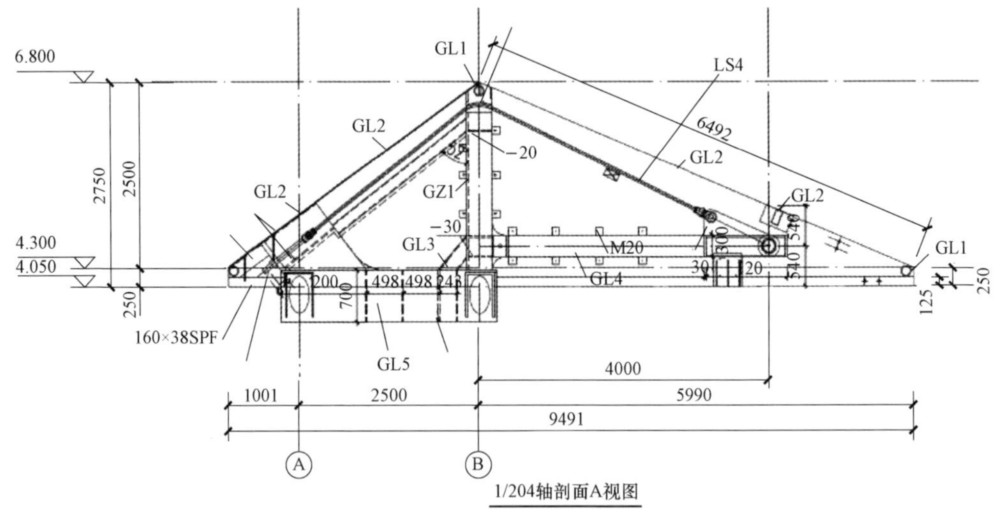

图 4 - 67 赛道遮阳棚钢木组合结构

遮阳棚钢木组合结构中内嵌 Galfan 拉索，可通过施加预应力，提高结构刚度，解决遮阳棚悬挑长度大而易变性的难点。其中 φ40、φ50、φ60 拉索采用坚宜佳 Galfan 拉索，φ30 钢拉杆采用坚宜佳钢拉杆，如图 4 - 68 所示。

4.8.3 节点设计

结合遮阳棚的实际工作原理，技术团队与建设方、设计方经过多次沟通确认，最终采用索鞍节点。这也是首次将索鞍节点应用到钢木组合结构中。通过采用索鞍节点，可确保索体光滑通过节点，避免在节点内部对索体形成过大的折点。同时节点的构造设计确保拉索滑动过程中索体与节点间的摩擦力最小。并根据建筑外形、受力状况、浇铸工艺等设计出最合理的索鞍截面形状，如图 4 - 69 所示。

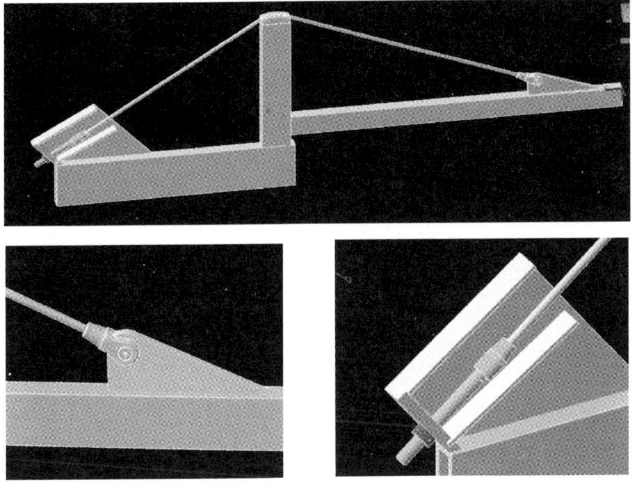

图 4-68　遮阳棚钢木组合结构

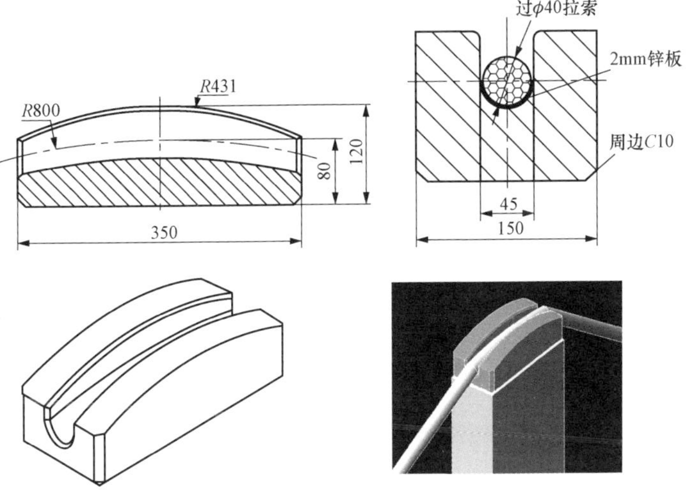

图 4-69　索鞍节点

图 4-70　施工过程

4.9 上海迪士尼景观桥

4.9.1 项目介绍

上海迪士尼乐园是中国第二个、亚洲第三个、世界第六个迪士尼主题公园。上海国际旅游区度假核心区位于浦东新区川沙黄楼镇，北临迎宾高速公路，西临沪芦高速公路，东临唐黄路，南临航程路。上海迪士尼乐园景观人行桥为上海国际旅途度假区核心区湖泊边缘景观项目，分为东西两座曲线桥，如图 4 - 71 所示。

图 4 - 71 上海迪士尼景观桥

上海迪士尼乐园景观人行桥为弧形平面—单面吊挂—空间悬索结构，是国内首次在大型人行景观桥上使用密封索，对于国内索结构具有积极推动作用。桥面分为内外两侧，并在桥中将两侧之间的空间连系起来做行人的休息平台，内侧桥面宽 3m，主要为行人步行用途，外侧桥面宽 6m，主要为自行车通行。本工程自然衔接各功能区域，并为游客创造出独特、舒适的室外湖滨悠闲场所。

4.9.2 结构体系

工程东、西桥内侧桥面系下方设置水平环索，通过张拉环索平衡桥面扭转力矩；主缆按照轴心对称关系设置两个索塔将其分解为三段式，其空间几何形状通过力平衡找形确定，整个索塔布置两根平行背索，保证索塔顶的整体平衡；吊索通过索夹固定在悬索主缆上，通过缆索找形确保吊索受力的均匀性和最终的成桥形态，如图 4 - 72 所示。

此工程用索主要包括环索、缆索、背索、吊索及联系索。索材选用高耐候性的 Galfan 镀层拉索及全密封拉索，其中吊索及连系索采用 φ38、φ63Galfan 坚宜佳拉索；环索、缆索及背索采用 φ115、φ90 密封索，如图 4 - 73 所示。

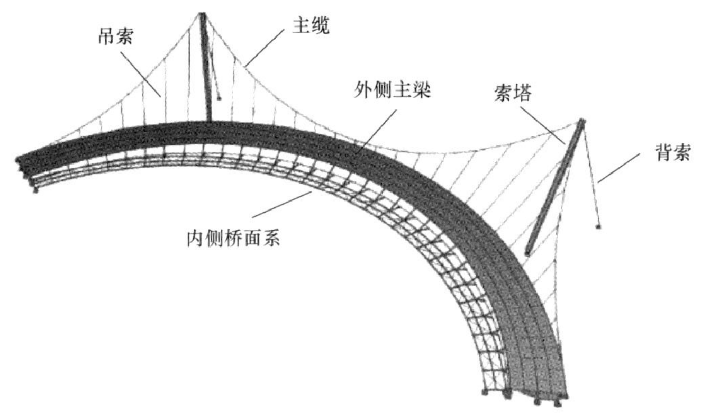

图 4-72　结构体系

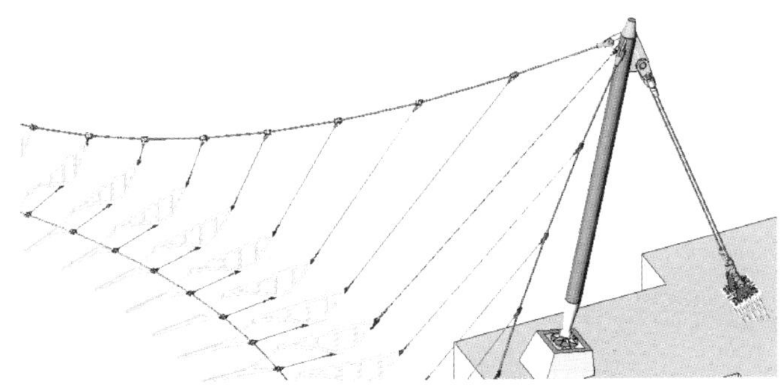

图 4-73　拉索体系

4.9.3　节点设计

（1）后背索节点。

采用双索合一的锚具形式，有效解决顶部节点影响美观，张拉施工不便，容易产生施工误差，引起应力集中，如图 4-74 所示。

（2）端部过短节点。

由于混凝土结构位置的三个节点径向索长度过短，无法采用普通形式。设计优化为从短到长，最短位置使用圆弧过渡块，中间位置使用正交连接块，第三个位置使用钢拉杆，既能解决过短安装问题，又可消除应力及集中的问题，如图 4-75 所示。

（3）端部球节点。

连接底座整体铸造成形，预埋混凝土结构，连接处使用球面接触，自由度大，消除安装施工应力集中，如图 4-76 所示。

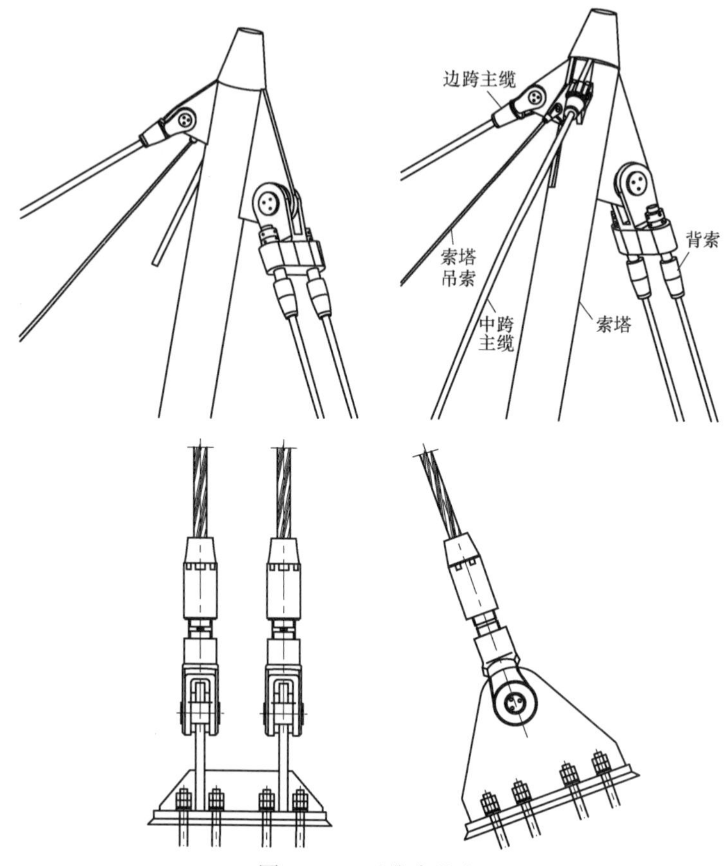

图 4-74 后背索节点

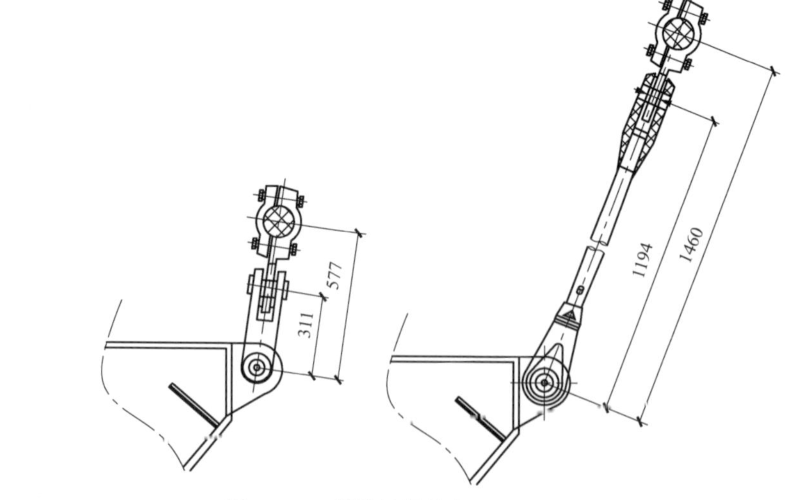

图 4-75 端部过短节点

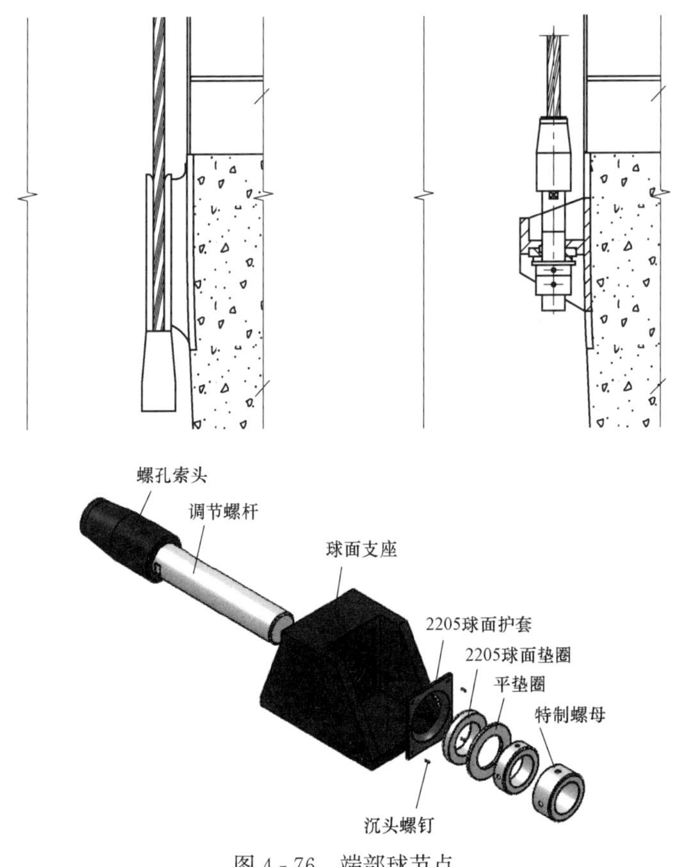

图 4-76　端部球节点

4.10　山东泰山文旅健身中心

4.10.1　工程介绍

山东泰山文旅健身中心项目总用地面积约 1010 亩。泰山文旅健身中心建设项目包括一场三馆、配套商业用房、地下车库等，打造包括体育竞赛、专业会展、文艺汇演、体育训练、商业、文化、教育、健身、休闲于一体的大型体育综合体，场馆的建筑规模在山东省地级市内属于首位，如图 4-77 所示。

4.10.2　结构体系

体育场总建筑面积共 50230m^2，地上最高层为 5 层，位于体育场西区，东区最高层为 2 层，而北区与南区仅有一层。其主体结构采用钢筋混凝土框架结构，屋盖钢结构采用轮辐式张弦梁结构。屋盖钢结构共包含三大结构体系，包括屋面支撑，立面悬挑结构以及屋面主体结构，其中屋面主体结构由三种不同结构

图 4-77 泰山文旅健身中心效果

组成，包括内环结构、径向结构以及外环+钢柱结构。体育场建筑高度 43.55m、建筑面积 50230m^2，座席约 30000 个，如图 4-78 所示。

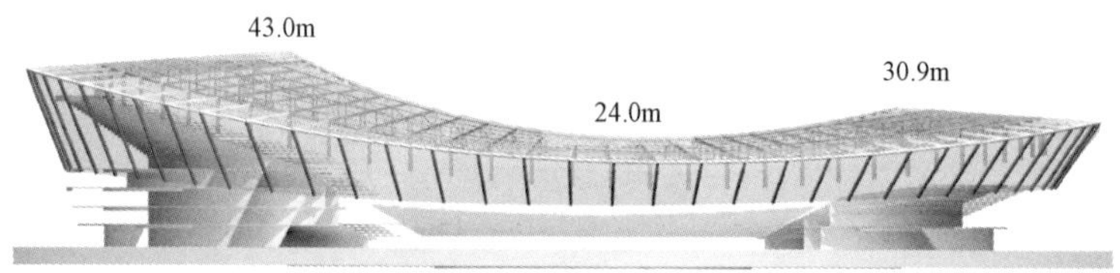

图 4-78 体育场剖面

西侧看台最大悬挑 45m，东侧看台最大悬挑 34m，而南北侧看台最小悬挑 18m。体育场轮辐式张弦梁结构通过 68 根径向索和一道中央环索形成张拉结构体系，通过飞柱和撑杆支撑上部径向梁和环向压环，提高屋盖结构竖向刚度，如图 4-79 所示。

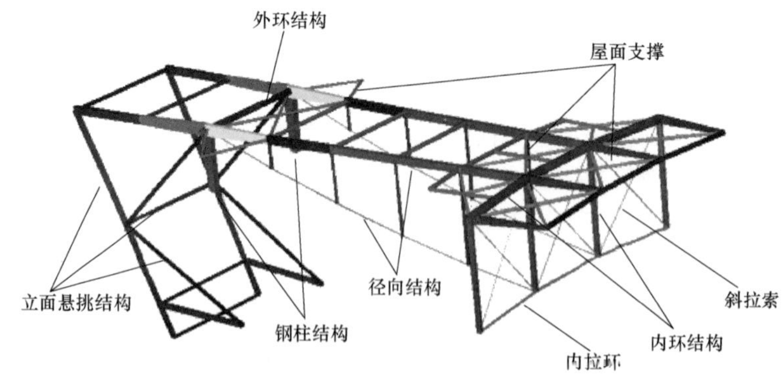

图 4-79 结构体系

4.10.3　节点设计

（1）环索节点。

在设计过程中，径向索最大偏角12°，若索夹主体两侧保持平行，会出现径向耳板严重侧偏。为了呈现更好的视觉效果，索夹的一侧保持竖直，另一侧与径向索方向保持水平，保证耳板左右两侧距离相等。即相当于从入口位置向两侧角度逐渐增大，每个位置为唯一角度，呈梯形设计，环索受力更加合理，重量比原设计有所减轻，如图4-80所示。

图4-80　环索节点

（2）径向索夹节点。

径向索夹节点是连接索体和相连构件的一种不可滑动的节点，通过高强螺栓的紧固力使主体和压板共同夹持住索体。径向索设计成连续折线形，在撑杆与索相交的折线转折处，采用抗滑移索夹或节点构造措施，实现无滑移，简化了设计，方便了施工。如图4-81所示。

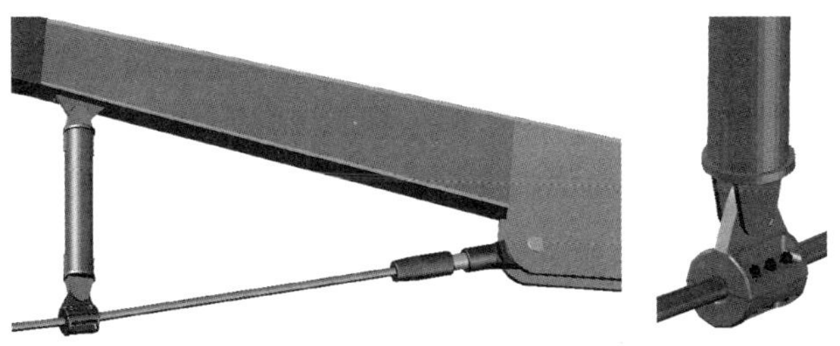

图4-81　径向索节点

拉索施工整体流程：

屋盖钢结构吊装，环向索支撑索随主结构吊装——环索胎架搭设，环索展索及索夹安装——径向索张拉平台搭设，展径向索及索夹安装——挂索（固定端待环索提升到位安装）——环索整体提升并与竖向撑杆进行连接——径向索固定端与环索索夹安装到位——分级分批张拉径向索到100%设计初始态索力——安装径向斜拉索——拆除胎架。

(a)

(b)

(c)

图 4-82 施工过程示意

4.11 河南清丰县文体中心体育馆

4.11.1 工程介绍

河南清丰县文体中心体育馆位于清丰县城西南部，清丰县体育馆建筑面积2.3万 m^2，设计座位6000个，面积1.2万 m^2，可承接国家级、省级、市级单项体育比赛及其他文体活动主体结构呈碗状，如图4-83所示。

图 4-83 清丰县体育馆

4.11.2　结构体系

建筑高度 32.5m，钢屋盖最高点 29.150m，地上局部 3 层，地下 1 层；钢屋盖为弦支穹顶结构，下部支承为格构支撑柱结构，共设置 16 组，格构支撑柱柱脚节点为成品固定球铰支座。

本工程钢屋盖为弦支穹顶＋周边格构支撑柱结构形式，其中弦支穹顶与格构支撑柱间采用刚接。跨度 98m，矢高 10m，节点均采用铸钢节点。屋盖钢结构的下层由环向索和径向拉杆组成，拉索和拉杆均为高强材料，可以有效减小结构自重，并达到轻巧、通透的建筑效果。上层钢结构和下层拉索之间由撑杆进行连接，构成稳定的空间结构受力体系，可以有效地提高整体结构的稳定承载力，如图 4-84 所示。

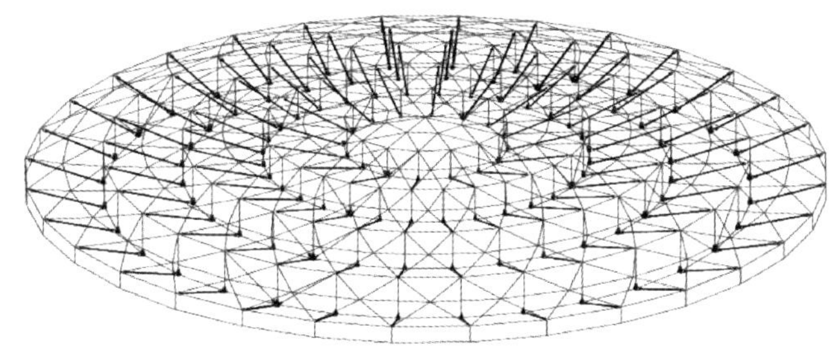

图 4-84　结构示意

工程采用坚宜佳 Galfan 拉索，其中 $\varphi30$、$\varphi77$、$\varphi110$、$\varphi136$ 拉索为环索，$\varphi45$、$\varphi55$、$\varphi90$、$\varphi110$ 为斜拉杆及其配套的索夹铸钢节点。

4.11.3　节点设计

弦支穹顶结构体系与下部格构支撑柱间采用刚接节点连接，一般的内部支承体系配合张拉预应力索的方式很难使结构达到结构设计时的形态；上部单层网壳节点均为铸钢节点，节点处焊接量较大，上部单层网壳结构在索结构完成安装前，平面外刚度较小，进行焊接时易造成结构焊接变形。

通过对结构节点进行有限元分析，兼顾施工张拉方法和工程实际情况，来确定撑杆上下端节点的连接方式。具体做法是采用高强螺栓与环索连接，一体铸造成型的耳板分别与斜索、撑杆销轴连接，同时设置弯弧索槽，确保索体圆弧过渡，撑杆节点如图 4-85 和图 4-86 所示。

施工流程：

地下室基础锚栓预埋→十字劲性柱安装→成品固定球铰支座安装→格构支撑柱安装→柱间支撑安装→环梁安装→单层网壳安装→弦支承体系安装→马道安装→檩条安装。

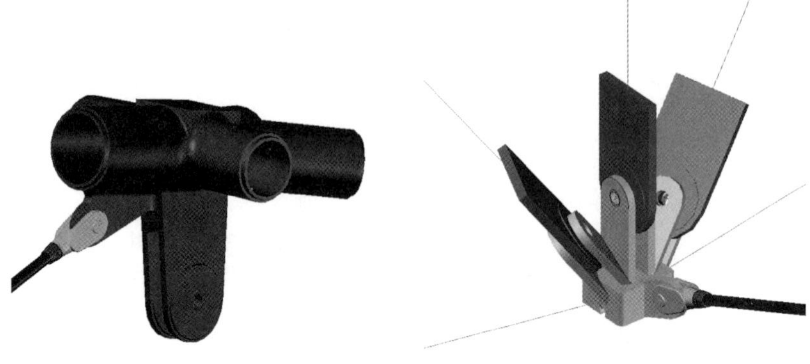

图 4-85　环索节点撑杆上节点　　　　图 4-86　环索节点撑杆下节点

4.12　京哈高铁全封闭声屏障结构

4.12.1　项目介绍

2021 年 1 月 22 日，京哈高铁北京至承德段正式开通运营，京哈高铁实现全线贯通，北京至沈阳最快 2 小时 44 分到哈尔滨 4 小时 52 分可达。早上 9 时 16 分，北京朝阳站首趟京哈“高寒版”复兴号发车。北京市进入交通运输新时代，拥有北京站、北京西站、北京南站、北京北站、清河站和北京朝阳站六座铁路客运枢纽和首都国际机场、大兴国际机场两座国际机场如图 4-87 所示。

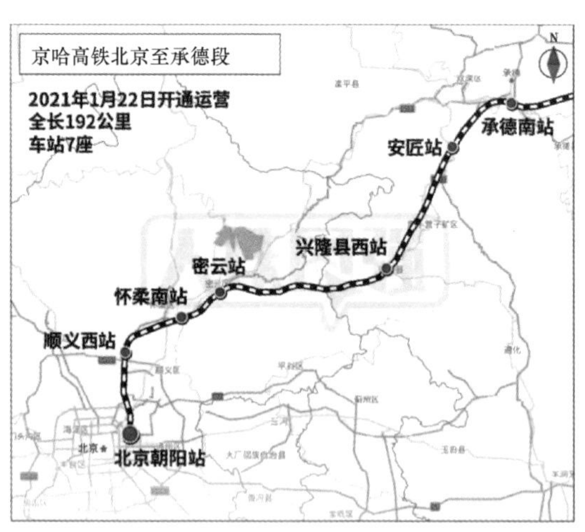

图 4-87　京哈高铁北京承德段

4.12.2　声屏障结构体系

京哈高铁由北京朝阳站出发，在五环路段区域毗邻部分居住小区，为降低铁路给周围小区居民带来的噪声影响，按照国家生态环境部的项目环评批复要求，该区域采用国内首例大跨混凝土拱壳全封闭声屏障结构，声屏障沿轨线总长度约 1840m，最大单拱跨度 40m，最大带中柱跨度 80m，如图 4 - 88 所示。

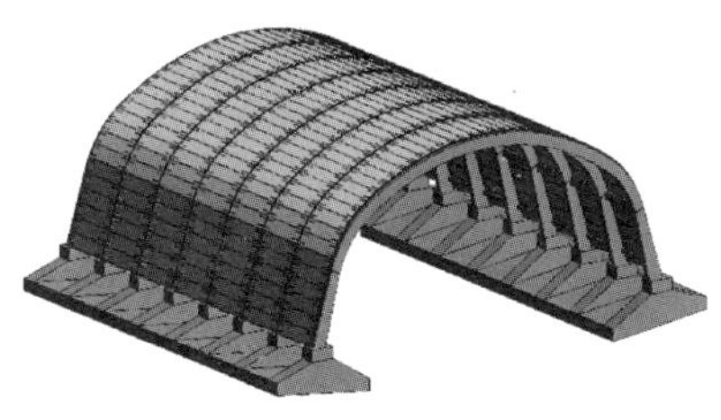

图 4 - 88　全封闭声屏障

全封闭声屏障工程上部采用预应力混凝土吸声式中空板，见图 4 - 89，隔声效果好，同时 Galfan 拉索的引入有利于大跨拱式混凝土框架的结构受力更合理。而全封闭声屏障结构的落成，更有利确保了京哈高铁线上列车安静地穿越北京东五环路，推动了京哈高铁的全线贯通。

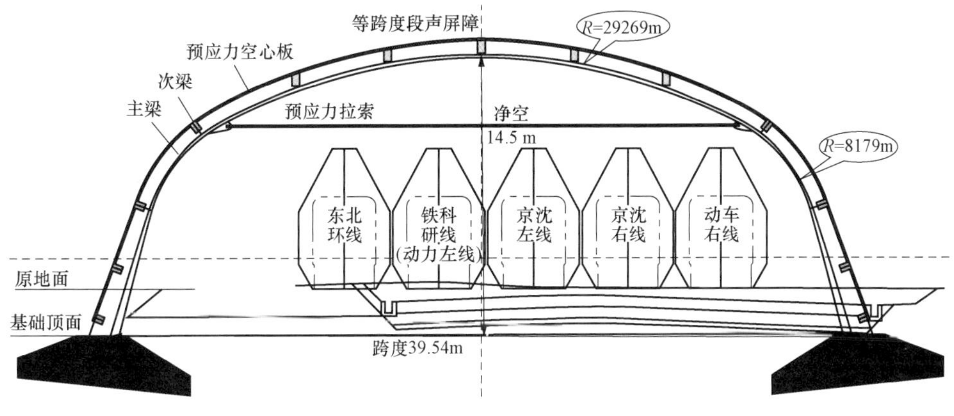

图 4 - 89　声屏障剖面

4.12.3　技术难点

（1）京哈高铁全封闭声屏障结构属于超长超宽超高的钢筋混凝土拱形结构，结构形式复杂多变，施工难度高，该工程为国际首例，目前国内尚无先例可以借鉴。

（2）全封闭声屏障全部施工均涉及邻近营业线及营业线要点施工，施工须结合既有电气化铁路过渡改造，施工工序多，周期长，对既有铁路设备及行车安全影响高。

（3）全封闭声屏障结构为拱形异形结构，结构节段多，受力复杂多变，支架体系多样，施工过程中空间定位测量及挠度预留难度大。

（4）全封闭声屏障施工人员高空作业比例高，受力体系安拆体量大，大型机械及特种设备安拆作业多，施工风险高。

（5）全封闭声屏障施工与路基、轨道、桥涵及四电专业交叉施工多，施工干扰大，接口多，涉及施工过渡工期压缩难度大。

4.12.4 节点设计

全封闭声屏障结构建设在既有线路之上，属于超长超宽超高的钢筋混凝土拱形结构，工期紧，6 点同步张拉，施工要求高。技术团队密切配合设计方、施工方论证施工方案，并对拉索节点进一步深化设计与分析，从而确保拉索质量，保证结构安全，保障工期，节点如图 4-90 所示，施工过程示意见图 4-91。

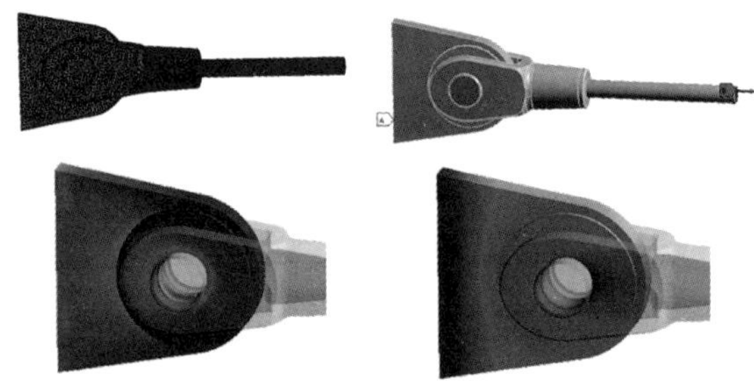

图 4-90 端部节点

图 4-91 施工过程实景

4.13　成都露天音乐广场

4.13.1　项目介绍

成都露天音乐广场项目位于成都市金牛区，位于凤凰立交外侧，北星大道与三环路交界处，规划设计范围约 394668.6m^2。项目一期规划建设绿化公园及附属配套设施；项目二期规划建设的内容主要是一座能够举行大型露天音乐会的主舞台以及一座能够展示民族音乐兼做音乐培训的古琴社。

项目按照“世界一流、全国领先”的标准进行设计，建成后将成为成都、西部地区乃至全国顶级的露天音乐演出演艺场地及主题性的城市音乐公园。这个项目不仅是一个音乐节会场、室外音乐厅，同时也是成都文化、音乐交流的公共空间，如图 4-92 所示。

图 4-92　成都露头音乐广场

4.13.2　结构体系

成都露天音乐广场主舞台工程分为舞台双斜拱承双曲主拱区和看台罩棚区两部分，其中双曲主拱间采用马鞍形单层索膜结构与之构成一个独立的主体部分，见图 4-93。

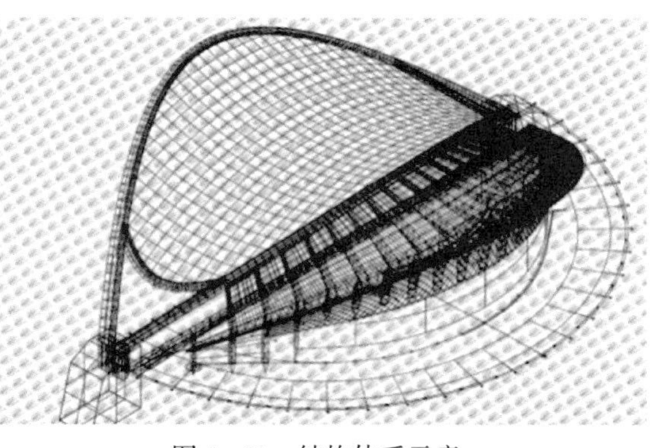

图 4-93　结构体系示意

双曲拱纵向最大跨度为 180m，横向间距约为 90m，拱高为 47.5m；横向设置 33 根承重索，中央最大跨度为 90m，垂度为 9m，垂跨比为 1/10；纵向设置 21 根缆风索，最大跨度为 136m，拱度为 22m，拱跨比为 1/6.2；两拱次环梁与圆管间设置 16 根斜索。

本工程索网结构具有以下特点：

（1）整个屋面曲面为马鞍形空间三维曲面，对钢结构和拉索的施工精度要求比较高。

（2）工程尺寸规模大，平面尺寸约为 180m×90m，索网纵、横向最大跨度分别为 136m、90m，马鞍形高低点的高度差达到 30m，支承于曲线形钢拱梁上；钢拱梁拱度高，施工操作不便。索网共有 70 根拉索，拉索数量多且索网存在部分施工空间受限的问题。

4.13.3 节点设计

屋盖采用双曲抛物面马鞍形单层正交索网体系，索网分格接近正方形，尺寸约 4m×4m，平面投影呈梭形，平面投影长轴尺寸大，结构造型复杂。本体系属于自平衡的全张拉结构体系，全张拉结构体系必须通过张拉，在结构中建立必要的预应力，才具有结构刚度，以承受荷载和维持形状，拉索内力大，对索的要求更高。全部采用坚宜佳 Galfan 钢索 $\varphi48$，并采用配套的索夹，见图 4-94。施工过程见图 4-95。

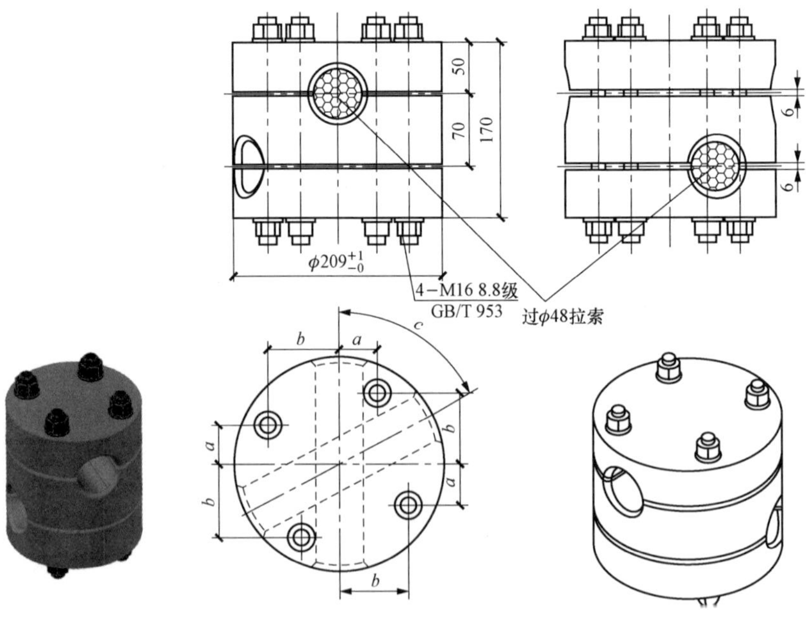

图 4-94 双索索夹

图 4-95　施工过程实景

4.14　顺德体育中心（在建）

4.14.1　项目介绍

在建的顺德区德胜体育中心工程（一标）主要由游泳馆、训练馆、综合体育馆、配套商业用房和地下隧道组成，总建筑面积 167084m^2，如图 4-96 所示。三个场馆的屋盖均采用索结构，且分别为不同的索结构形式——马鞍形正交单层索网、轮辐式索桁架和索穹顶，其中综合体育馆采用 124m 跨索穹顶结构形式，荣登全国索穹顶之最。特别是，光纤光栅智慧索首次被成功应用于三个场馆在线健康监测系统中，开启国内索结构体系健康监测的新纪元。

作为一种新的监测技术，光纤光栅智慧索拥有其他类型传感器无法比拟的优点，具有监测精度高、量程大、耐久性好、抗电磁干扰、信号容量大和损耗小的优点，且空间占比小，能准分布设置，可以根据监测需要将光纤光栅灵活布置在缆索任意位置，更好地满足不同结构健康监测的需求。智慧索－光纤光栅法健康监测符合智慧建造的先进理念，是今后建筑业发展趋势和方向。通过实时监测，在索结构超出设计状态时可以及时预警，及时告知项目运营部门，

图 4-96 顺德体育中心效果示意

争取场馆内及周边人员撤离时间最大化，保障生命和财产安全。

4.14.2 结构体系

本工程游泳馆、训练馆、体育馆、绿化屋面螺旋坡道及张弦梁均含有索结构，且为 5 种不同结构形式索结构，施工工艺也各不相同。

（1）游泳馆。

游泳馆屋面采用正交单层马鞍形索网，其中索网部分长轴为 107m，短轴为 69m。索网标高范围为 12.85～20.85m，跨中标高为 16.85m。稳定索采用坚宜佳 φ45 密封索，承重索采用坚宜佳 φ65 密封索，屋面采用膜结构屋面系统。

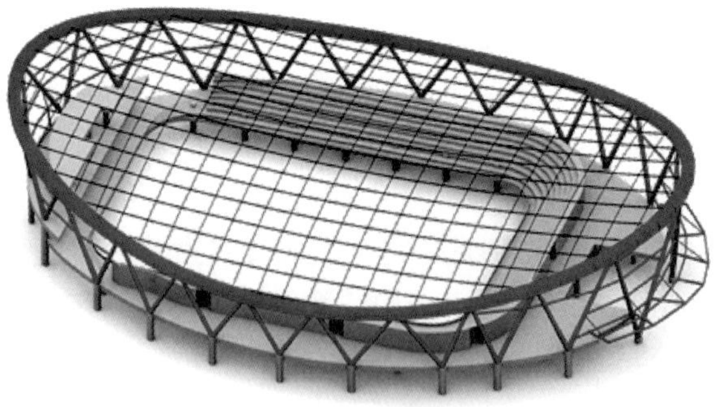

图 4-97 游泳馆—正交单层马鞍形索网

（2）训练馆。

训练馆屋面采用轮辐式双层索网，主结构共有 24 榀索桁架，从内拉环中心呈辐射状布置。由钢性外环梁柱、钢性内拉环、上/下环索、上/下径向索、交叉索、撑杆构成，属于预应力自平衡的全张力结构体系。

上径向索采用坚宜佳 $\varphi100$ 密封索，下径向索采用坚宜佳 $\varphi110$ 密封索，上下环索采用坚宜佳 $\varphi50$ Galfan 索，交叉稳定索采用坚宜佳 $\varphi30$ Galfan 索，撑杆采用圆钢管。环索共设置 3 环，每一环又分为上、下环，每榀索桁架之间环索断开，每一环由 24 根单根拉索串联成环状，索桁架长轴直径为 88.1m，短轴直径为 73.4m，标高范围为 10.4～25m，跨中标高为 25m，屋面采用连续焊接不锈钢金属屋面系统，如图 4-98 所示。

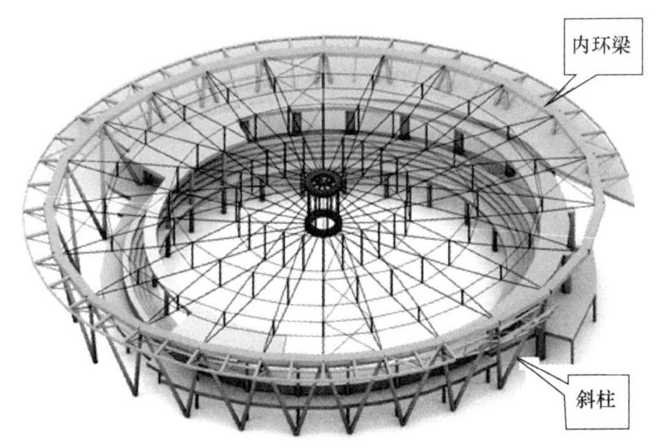

图 4-98　训练馆一轮辐式双层索网

（3）体育馆。

体育馆屋面采用索穹顶结构，索穹顶由脊索、斜索、环索、压杆及必要的内拉环和外压环构成，属于预应力自平衡的全张力结构体系。体育馆屋面钢结构为椭圆抛物面索穹顶结构，平面投影为椭圆形，投影面积 10512m^2；支座间长轴方向的结构净跨 124m，短轴方向的结构净跨 104m，为国内室内场馆跨度最大索穹顶结构；结构矢高 8.1m，布索方式采用内圈 16 等 Geiger 型，第 3 圈分叉开始采用 Levy 方式，至最外圈 32 等分的形式，屋面采用连续焊接不锈钢金属屋面系统，如图 4-99 所示。

其中环索采用坚宜佳密封索 $2\varphi90$、$2\varphi110$、$4\varphi120$，脊索采用坚宜佳 Galfan 索 $\varphi70$、$\varphi100$、$\varphi110$、$\varphi120$、$\varphi130$，斜索采用坚宜佳 Galfan 索 $\varphi70$、$\varphi80$、$\varphi90$、$\varphi130$，施工中的索穹顶如图 4-100 所示。

（4）绿化屋面。

绿化屋面为“格构柱＋空间桁架”结构，最大跨度 72m，由格构柱、钢桁架、张弦桁架、螺旋坡道及其顶部造型和坚宜佳 $\varphi75$Galfan 拉索等组成。螺旋坡道为三角桁架通过坚宜佳 $\varphi100$ Galfan 拉索悬挂于屋面桁架结构上，连桥采用张弦桁架的结构形式连接绿化屋面两端。

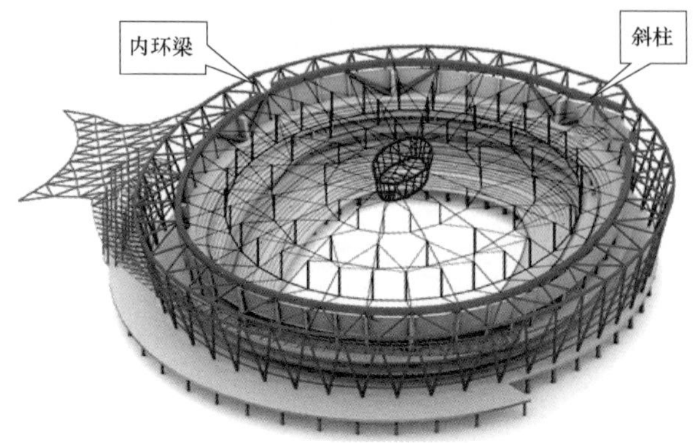

图 4 - 99 体育馆 - 索穹顶结构

图 4 - 100 施工中的索穹顶

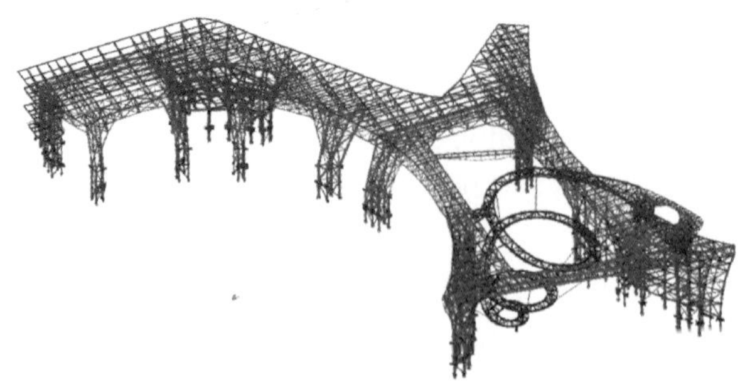

图 4 - 101 绿化屋面整体结构

4.14.3　节点深化设计

对结构中的典型节点进行设计，并采用ANSYS建立三维实体模型进行仿真模拟计算，保证连接节点受力安全，三馆的特殊节点设计和仿真模拟如图4-102～图4-104所示。

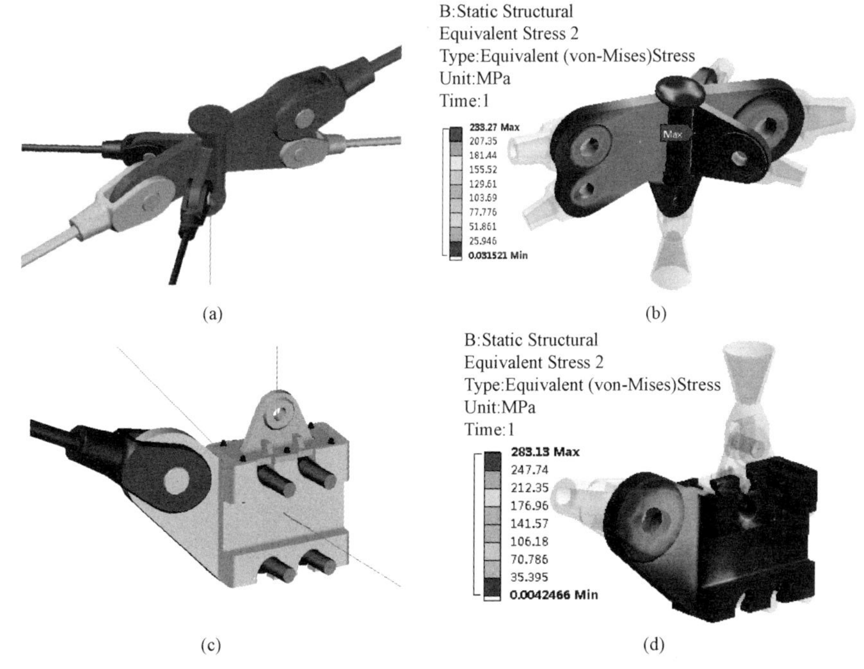

图4-102　体育馆节点分析

(a) 脊索夹节点；(b) 脊索夹节点仿真模拟分析；(c) 索夹节点；(d) 环索夹节点仿真模拟分析

光纤光栅智慧索锚具需在普通拉索锚具基础上，考虑预留光纤引线空间，适当加长锚具，保证光纤顺利引出。

1. 智慧索光纤位置的选定

光纤如何与钢丝结合，做成一根光栅传感筋是智慧索制造需要解决的首要问题。与桥梁工程中的平行钢丝束不同的是，建筑工程使用的Galfan拉索和密封索中的相邻层钢丝束的捻制方向是扭曲反向的，因此光栅传感筋的位置选择对索力监测和成品保护具有较大影响。

经过反复试验对比，坚朗技术团队最终采用中心钢丝耦合光纤光栅智慧筋方案（见图4-105），该方法利用凹槽对光纤光栅进行保护，能有效避免外部因素对光纤光栅造成损伤，成功解决了拉索捻制和安装过程中光纤光栅成活率低的问题。

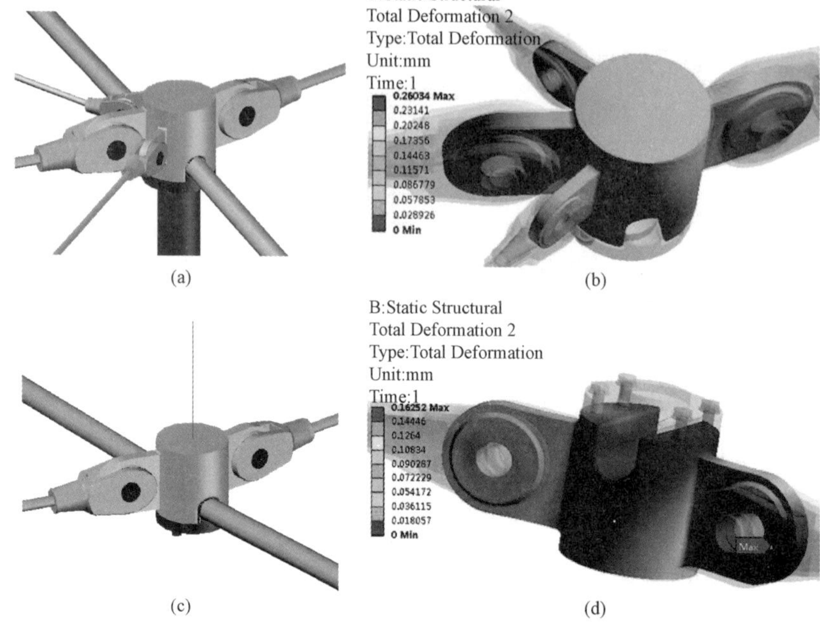

(a) (b)

(c) (d)

图 4-103 训练馆节点分析

(a) 上径向索夹节点；(b) 上径向索夹节点仿真模拟分析；
(c) 下径向索夹节点；(d) 下径向索夹节点仿真模拟分析

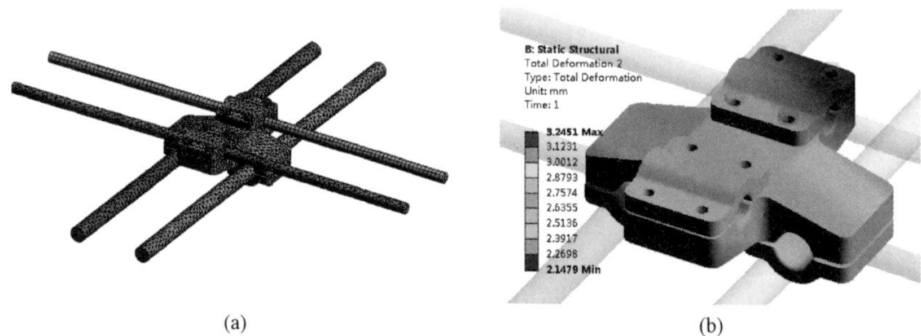

(a) (b)

图 4-104 游泳馆节点分析

(a) 正交索网索夹节点；(b) 正交索网索夹节点仿真模拟分析

(a) (b)

图 4-105 光纤智慧索索体

(a) 截面示意；(b) 试验索体

2. 体育馆监测内容和监测点位布置

拉索预张力施工过程是个动态的结构状态变化过程，是结构从零状态向成形初始态转变的过程。由于钢构安装误差、拉索制作、安装和张拉误差、分析误差以及环境影响等原因，实际结构状态与分析模型是有差异的。因此，有必要对拉索预应力施工过程予以监测，对比理论分析值和实际结构响应的差异，及时掌握各关键施工阶段的结构状态，保证拉索施工全过程处于可控状态，保证施工过程结构安全，同时为运营阶段健康监测提供依据。

需要监测索力的包括以下三类：

（1）脊索，共计 5 个测点。

（2）环索，共计 9 个测点。

（3）斜索，共计 6 个测点。

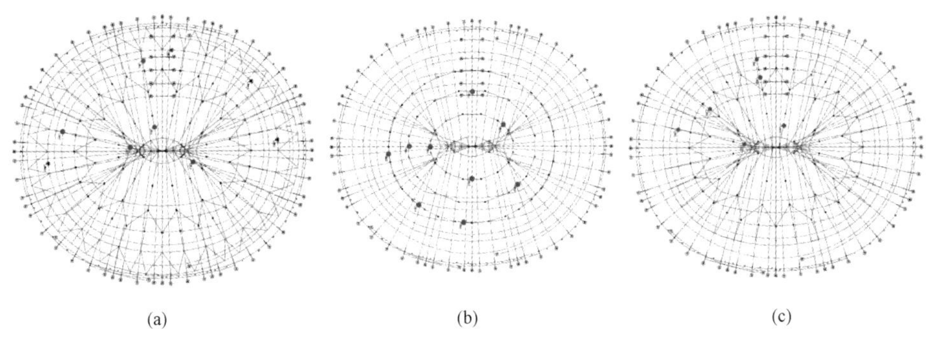

(a)　(b)　(c)

图 4 - 106　体育馆光纤智慧索布置方案

（a）脊索；（b）环索；（c）斜索

3. 在线监测系统

拉索是游泳馆、训练馆及体育馆等最重要的受力构件之一，拉索索力的变化直接反映场馆结构受力状态的变化，关系到整座结构的安全，通过索力的监测能够为运营期间的安全性提供直接的预警信息和状态评估信息。索力监测的内容主要是对较为重要的拉索进行监测。

智慧索监测系统技术路线包括：智慧索感知采集变化信号→采集传输模块识别转换信号处理传输数据→数据处理与管理模块、分析处理数据。储存管理数据→监测平台诊断评估安全预警等。

光纤光栅智慧索健康监测系统（见图 4 - 107）具有以下特点：

（1）监测系统具有可视化的人机交互界面，可直接显示索力。

（2）进行在线实时监控，监测频率可达 1 次/min，能及时监测到不同工况下索力的变化，尤其是恶劣天气条件下索力变化情况，同时避免了人工巡检的安全风险。

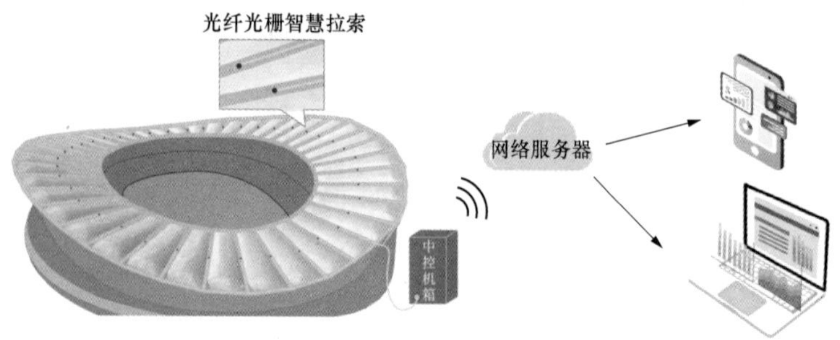

图 4-107 光纤光栅智慧索健康监测系统

（3）监测数据自动分析处理和存储管理，可实现历史索力对比、实际索力与设计索力对比、索力发展趋势预测等。

（4）实现远程监控，系统所得数据及分析结果能及时传输到有关部门（如业主、运营健康监测单位、设计单位、经业主授权的其他部门）和总监控中心。如有异常，可通过安全预警系统实施预警。

（5）运营阶段索力健康监测测点与施工监测测点一致，可实现运营阶段健康监测与施工阶段施工监测无缝连接。

第五章　幕墙索结构典型案例分析

5.1　人民日报社

5.1.1　项目概况

人民日报社报刊综合业务楼将落成于北京东三环，处在北京市 CBD（中央商务区）东扩的核心位置。总体建设规模达到十多万平方米，以圆形造型表达“天圆地方”的寓意，通过电脑模拟从圆形开始逐渐演变成三维动态的双曲面造型，并且与长方形的基地形成呼应。最后在顶端形成的三角形的人字，与人民日报的主题关联，圆形的统摄地位同时满足了该项目作为区域中心的定位要求。建筑从三个“角”上以外凸浑圆的巨大钢柱沿弧线直接交汇到楼顶，三面的玻璃幕墙则是内凹的曲面（见图 5-1）。

图 5-1　人民日报社

5.1.2　结构体系

人民日报社报刊综合业务楼主体结构采用钢框架加屈曲约束支撑的结构形式，根据结构受力特点，布置屈曲约束支撑、弧形组合桁架和环形桁架，是国内第一幢全面采用屈曲约束支撑为主要抗侧力构件的高层钢结构建筑（见图 5-2）。

5.1.3　幕墙体系

人民日报社报刊综合业务楼幕墙主要由陶棍幕墙和玻璃幕墙组成。主塔楼高 180m，建筑设计成“人”字形，三面六方，椭圆双曲，凹凸虚实，建筑造型新颖独特。南北东三主立面为凹形双曲面单元式玻璃幕墙，首层部分为构件式铝合金明框玻璃幕墙系统。主塔楼西面及东北面、东南面实体墙为陶棍装饰幕墙。其中，148.5m 以下为拉索点支陶棍装饰幕墙，以上为钢梁柱点支陶棍装饰幕墙（见图 5-3）。

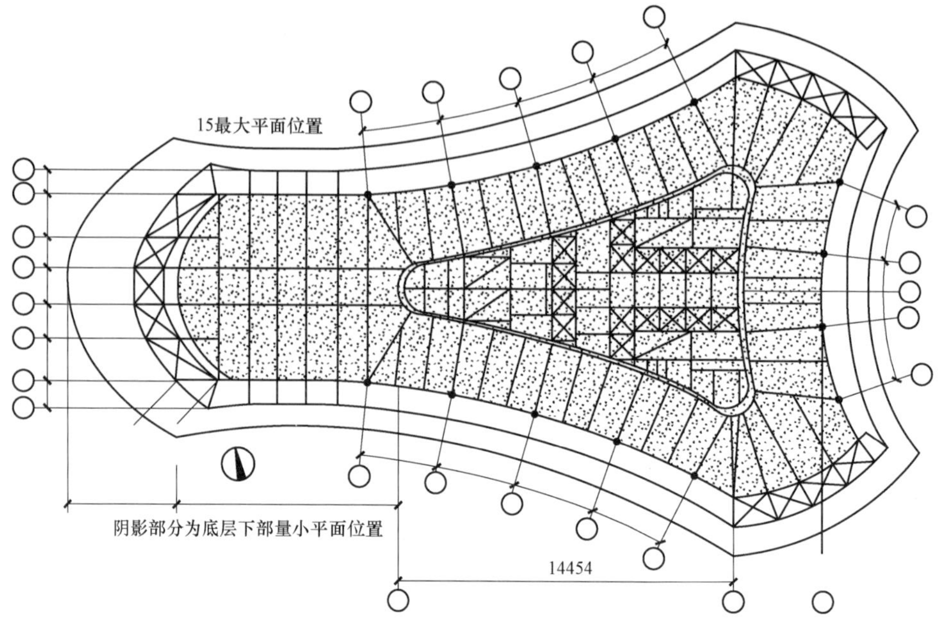

图 5-2 结构平面布置

图 5-3 幕墙体系

（1）双曲面玻璃幕墙。

主塔楼玻璃幕墙首层层高 9m，单元式构件尺寸过大难以实现，因此该处设计为构件式铝合金明框玻璃幕墙，外观细装饰线条与上部单元式幕墙保持一致。单元体玻璃幕墙位于主塔楼 2 层以上玻璃幕墙部位，面积为 21146m^2，东、南、北三面凹形位采用平面单元板块拟合双曲面，化繁为简。玻璃幕墙与实体部分相接位置为异形板块，通过冷弯工艺实现曲面平缓过渡。

（2）拉索点支陶棍幕墙。

陶棍幕墙位于钢格构支撑外侧，受力复杂，张拉难度大，当时在国内尚无应用先例。148.5m 以下部分内层为铝板幕墙系统，满足保温、防水等功能；外层为索结构陶棍系统，满足外立面装饰找形，中间为检修及维护马道。拉索结构外视不明显，有利于外观效果的完整性，同时索为柔性结构便于找形。其中拉索采用坚朗不锈钢 $\varphi16$ 拉索。此外，坚朗的驳接爪、转接件、索夹、拉杆、限位块也应用在陶棍幕墙中，如图 5-4 所示。

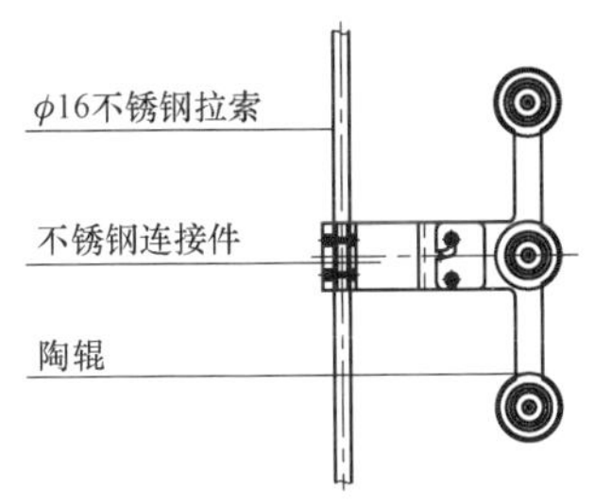

图 5-4　陶辊通过索夹与拉索连接

为合理利用拉索，最大化其利用率，结构设计考虑运用 $\varphi16$ 不锈钢拉索，每四层作为一个张拉段，上下设置调节端，其他中间层为滑移支座，控制水平受力及立面找形，可节省 3/4 的调节端，节约成本，降低了张拉费用，如图 5-5～图 5-7 所示。

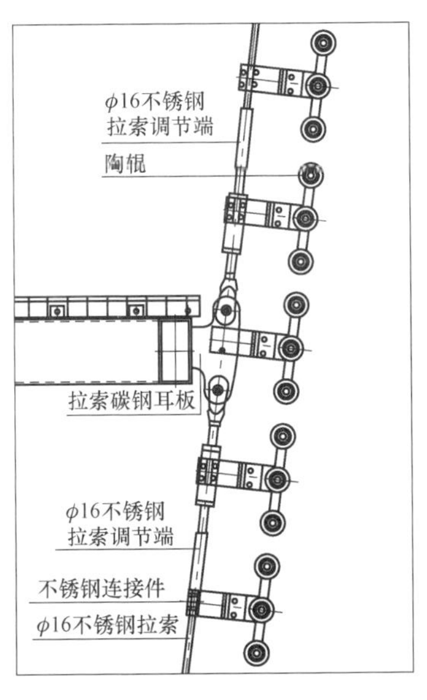

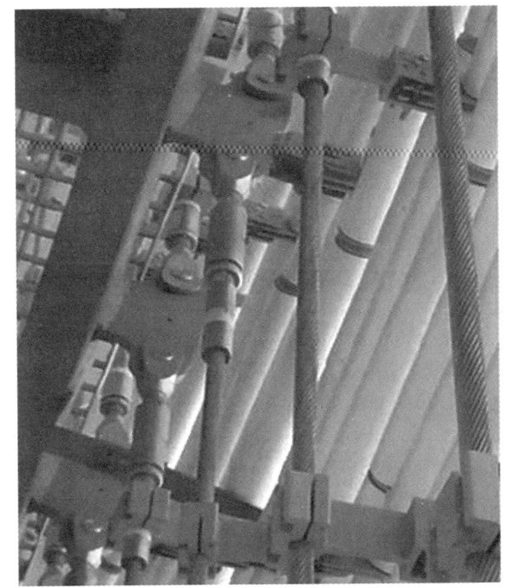

图 5-5　每四层张拉段

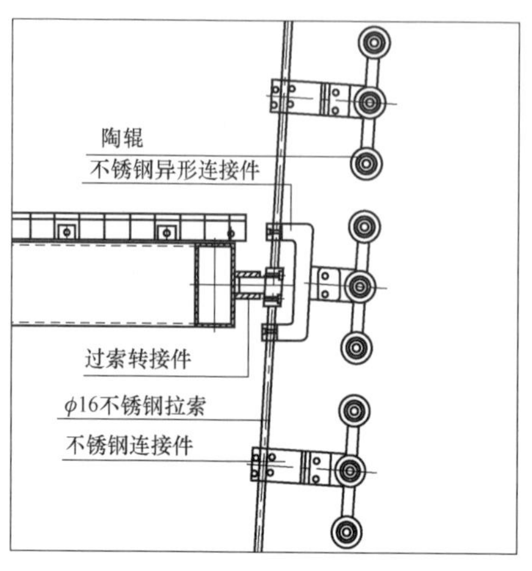

图 5-6 中间楼层滑动支座

图 5-7 部分节点

5.2 安徽省广电新中心大厦

5.2.1 基本概况

安徽省广电新中心大厦地处合肥市政务新区中心位置的天鹅湖南岸，与北岸的安徽大剧院遥相呼应，建筑外观以“体现徽州文化、弘扬中华文化”的构思主题，表达徽州及中华文化的精神与气质，是合肥市最具标志性的建筑。大厦面向天鹅湖的玻璃幕墙上，悬挂着一片面积近 3 万 m^2 的篆字幕墙，成为整个天鹅湖的焦点所在，如图 5 - 8 所示。

图 5 - 8　安徽省广电新中心

安徽省广电新中心是该省文化传播的基地，基地独有的篆字幕墙设计构思来源于中国古代发明的智慧（纸的发明）和书法的文化，通过在幕墙外立面设计安徽著名书法家邓石如的篆书字体，双层隔声玻璃的窗外，再披上镂空的外皮，从而形成既节约能源又具有文化性质的外立面。构造上结合了安徽当地的篆书字体和中国传统雕刻，使用现代的建筑工法，将中国的文化精神发挥得淋漓尽致。

5.2.2　幕墙体系设计

安徽省广电新中心在幕墙设计时本着安全、实用、节能、美观、经济的原则，充分运用目前国内先进的幕墙技术，针对不同部位设计了主楼南立面篆体字幕墙和全隐框可调角度的玻璃幕墙，主楼南立面巨大的篆体字幕墙将书卷、篆体字、传统雕刻这些有着深厚的中华文化底蕴的元素融合于整个建筑中，使得安徽省广电新中心具有了明显的特征，篆体字幕墙也自然成为安徽省广电新中心外立面最大的亮点。

5.2.3　节点设计

篆字幕墙分布在主楼外弧南立面，面积约 2.7 万 m^2，390 余个篆字，单个篆体字的高度约为 8m。由于篆字幕墙外挑出玻璃幕墙 800mm，因此需要一种安全可靠的结构体系来承载篆字幕墙的自重、水平风压和侧向风压以及平面内的地震荷载，同时也需要考虑到结构的轻巧，不能与字幕墙产生视觉干涉，如图 5 - 9 所示。

最终，本工程选择了坚朗 $\varphi 14$ 不锈钢拉索作为篆体字的承载体（见图 5 -

图 5-9 篆字幕墙局部节点

10），建筑以 4200mm 为标准层高的部分每四层按照玻璃幕墙竖向分格布置不锈钢拉索，建筑以 6000mm 和 5000mm 为标准层高的部分每三层按照玻璃幕墙竖向分格布置不锈钢拉索，其间每层布置坚朗不锈钢支撑杆件，每个玻璃幕墙分格的支撑杆件之间加以横向的不锈钢拉杆既起到水平稳定的功能，又可以起到固定字的作用。

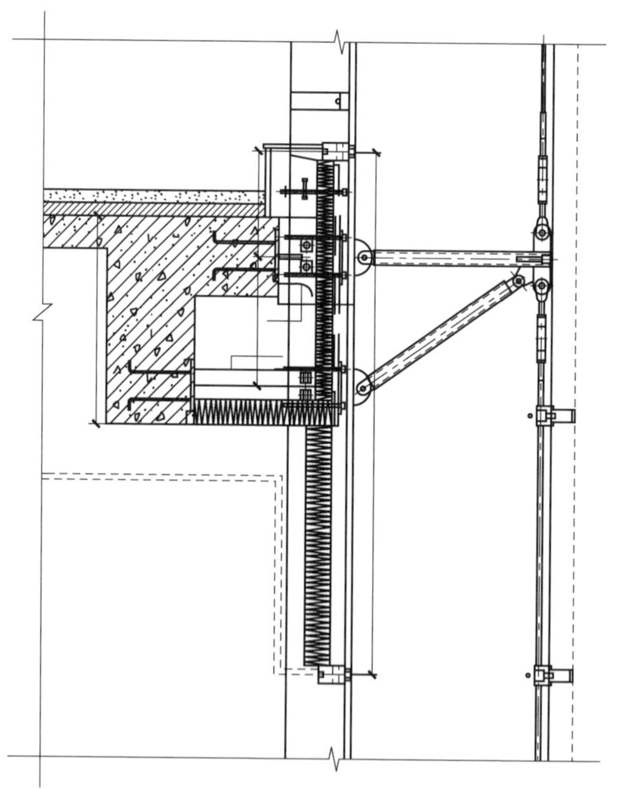

图 5-10 篆字幕墙拉索体系（一）

图 5-10　篆字幕墙拉索体系（二）

由于篆字幕墙在国内并无先例可寻，因此在如何实现如此大面积篆字幕墙成为本工程最大的施工难点，经过多次方案论证，最终确定不锈钢拉索和篆字之间的连接采用由两个不锈钢铸件直接将不锈钢拉索通过四个不锈钢螺钉夹紧的挂接方式，不锈钢铸件与拉索夹接的部位需设置止滑胶片，如图 5-11 所示。

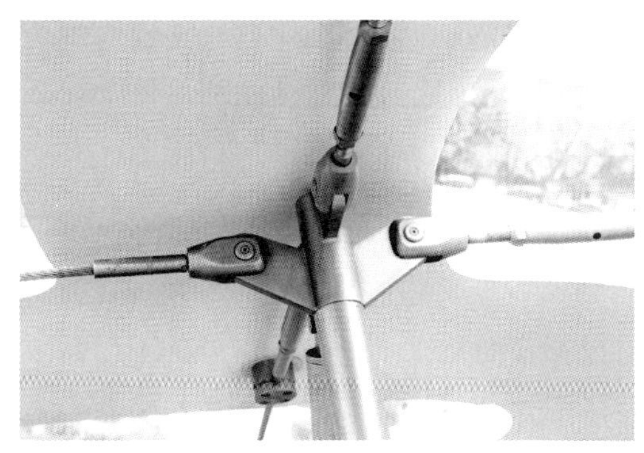

图 5-11　部分节点

5.3　乌镇互联网会展中心

5.3.1　基本概况

乌镇互联网国际会展中心总建筑面积约 6 万平方米，既是未来世界互联网大会召开的主要场馆，也是今后乌镇景区承接会议、会展的主要场所。该工程主要包括展览中心、会议中心、接待中心三大部分。方案以简约、环保、智慧为设计理念，建筑风格充分考虑互联网元素、中国传统文化及江南水乡特色。

按照现状地形，整体呈“U”字形布局，方案通过接待中心连接两翼的展览中心和会议中心，象征着乌镇作为世界互联网大会永久承办地所具有的开放、包容、互联、共享的互联网精神，如图 5-12 所示。

图 5-12　乌镇互联网国际会展中心

乌镇互联网国际会展中心坐落在精致风雅的江南古镇里，以独特的东方神韵，承接前沿时尚的国际会议召开。行走其中，可以体会到设计者的巧思与建造者的匠心，可以感受到传统与现代的完美结合。外立面采用 260 万片江南小青瓦，5.1 万根不锈钢拉索形成了垂挂帘幕，又以 3 层、5 层重叠的方式交织成网状，网状机理寓意着互联网。

5.3.2　节点设计

乌镇地处江南，多雨水，室外温度变化大。悬挂在室外的不锈钢拉索更是直接暴露于室外，增加了拉索被腐蚀的风险。在多次论证比对后，不锈钢拉索均采用 316 材质。316 不锈钢添加了 Mo，其耐蚀性、耐大气腐蚀性和高温强度性能得到了较大改善，可在苛刻的条件下使用。同时，室外温度变化也会使得拉索内力发生变化，因此在拉索底部布置弹簧装置（见图 5-13），可抵御温度变化而引起的应力变化，应对温度荷载变化，保证拉索不松弛，确保结构安全。

5.1 万根不锈钢拉索共计约 64 万 m，拉索数量多，对施工造成一定难度。因此对拉索进行有效分组，通过钢板与地脚螺栓进行连接安装，减少拉索与地面固定点节省安装时间，如图 5-14 所示。

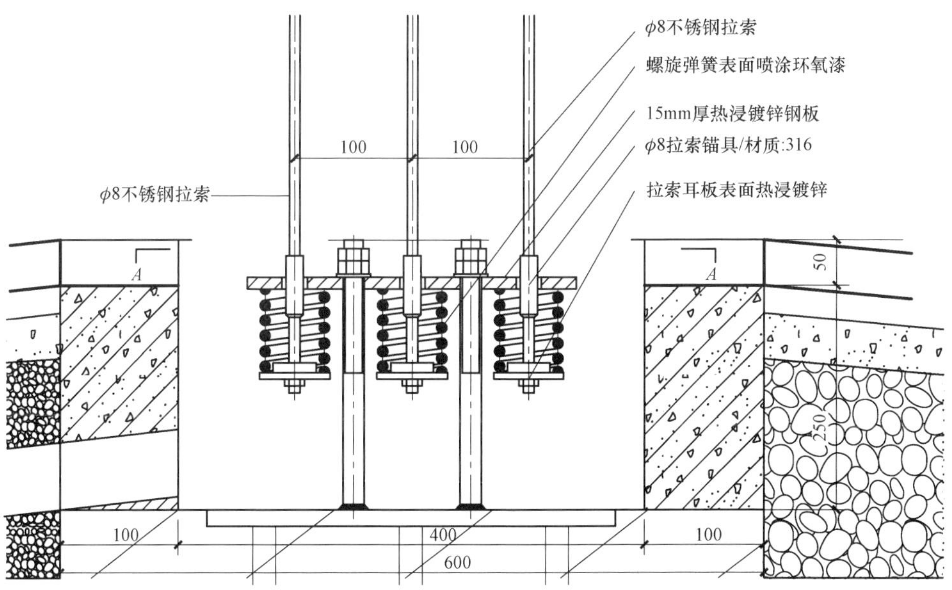

图 5-13　弹簧装置

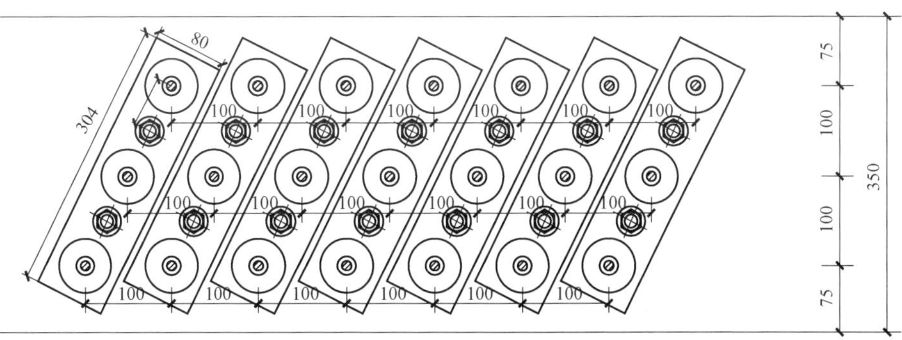

图 5-14　拉索分组安装示意

5.4 南宁吴圩国际机场航站楼

5.4.1 基本概况

南宁吴圩国际机场是坐落于中国广西壮族自治区首府南宁市西南 32km 吴圩镇的一座军民合用机场，它是广西省最大的机场，是重要的省会干线机场，并定位为面向东盟的门户枢纽机场。

正式启用的南宁吴圩国际机场 T2 航站楼造型设计流畅。为实现和谐优美的建筑轮廓，体现“双凤还巢”的设计理念，航站楼中央大厅采用单层竖向双索曲面幕墙。幕墙形式复杂、实施难度大，是国内首创、亚洲独一无二的幕墙形式，集合了弧形、外倾以及单层竖向双索三大技术难点，如图 5 - 15 所示。

图 5 - 15 南宁吴圩国际机场航站楼

5.4.2 幕墙设计

航站楼中央大厅入口处拉索幕墙平面呈弧形（见图 5 - 16），曲面为半径 401.3～406.8m 的变截面锥面，与地面呈 80°，巨型拱弦杆随拉索幕墙曲面布置，巨型拱弦杆随拉索幕墙曲面布置，幕墙整体向室外倾斜 10°，呈倒锥形状。除向室外倾斜外、两侧还向室内弯曲。

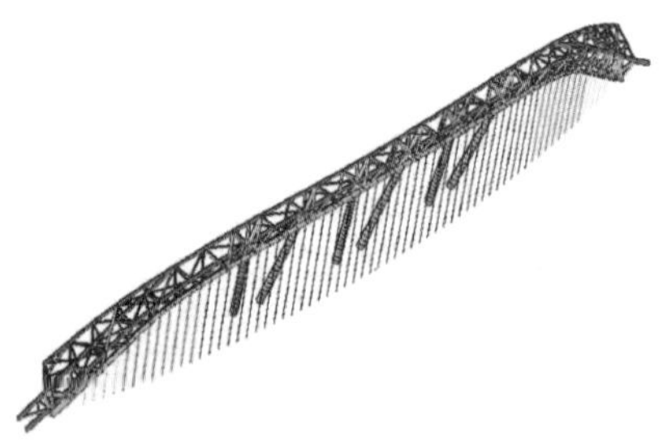

图 5 - 16 航站楼中央大厅入口

由于弧形幕墙无法张拉横向拉索，只能采用竖向拉索，加上幕墙向外倾斜10°，玻璃的重力作用加大了竖向拉索的负担，对不锈钢拉索承载力和支承拉索的钢结构承载力提出了较高的要求。

通过引入 64 组 $\varphi36$、$\varphi40$、$\varphi45$ 竖向不锈钢双索，6000m^2 的整面幕墙被吊挂在位于主屋面檐口内的超级桁架上，三层钢连桥穿过幕墙并在其上设置出入口。不锈钢拉索间距为 3.03m，局部穿过钢连桥，如图 5-17 所示。对拉索预应力的控制、钢结构的变形位移控制和异形玻璃的加工制作提出了严格的要求，成为航站楼施工的又一难点，其施工难度已超过首都机场 T3 航站楼和昆明新机场航站楼。

图 5-17　拉索幕墙

5.4.3　节点设计

异形拉索幕墙的节点处理尤为重要。经过多次专家论证，将原本设计的一根拉索分解成两根拉索受力，成为南宁机场幕墙的又一大亮点（见图 5-18）。采用双索受力后，可有效降低拉索直径，增加幕墙通透性，拉索两端的耳板受力由原来的集中荷载转换成均布受力，有效降低主体结构所受荷载，减少主体结构的制作成本。

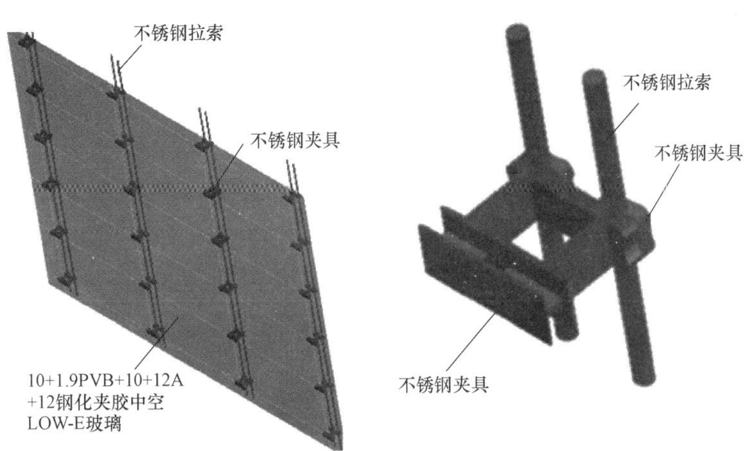

图 5-18　拉索幕墙体系设计

坚朗五金为此异形幕墙节点设计开发研制生产一款新型夹具（专利号201420522636.8）。通过采用该夹具，可保证竖向两根拉索同时受力与变形协调，并提供一定的安全冗余度，保证体系的顺利实施，如图 5-19 所示。

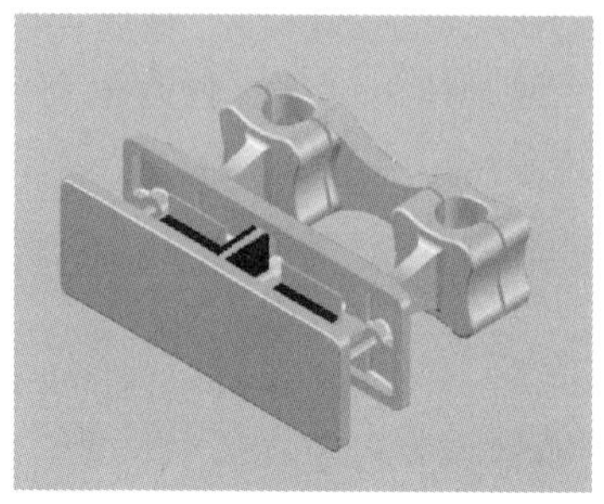

图 5-19 双索夹具

5.5 北京丽泽 SOHU

5.5.1 基本概况

丽泽 SOHO 坐落于北京丽泽金融商务区，项目由两个反对称复杂双塔借助跨度 9m～35m 的弧形钢连桥连接组成，以其高达 194m 的中央中庭闻名，从地面直通顶层，将面积 172800m^2 的两部分扭转缠绕的塔楼合为一体。钢结构用量达 1.83 万 t，相当于 2.5 个埃菲尔铁塔。于 2019 年 11 月 19 日开业，如图 5-20 所示。

图 5-20 丽泽 SOHU

5.5.2　幕墙设计

项目结构为双螺旋造型，设计成盘旋上升、流线型双塔，拥有世界独有的中庭，外观呈“夜空之眼”意象。不锈钢夹具便如同眼球纤维膜一般，坚韧维持着丽泽 SOHO 的大眼睛，使其顾盼生辉。中庭空间每 50m 设计了一道钢结构桁架与南北塔楼相连，并采用了单层钢网壳结构构成了两片丝带形状的双曲面点支承玻璃幕墙，中央中庭拥有 DNA 双螺旋的复杂结构，拥有 1700 多种幕墙板块，高近 200m 的大中庭，盘旋上升至天空的视觉感为项目带来震撼的空间体验，如图 5-21 所示。

图 5-21　丽泽 SOHO 幕墙设计

5.5.3　节点设计

中庭点支承幕墙为螺旋式双曲面造型，玻璃板块为平行四边形，其角度随幕墙造型而变化。为适应玻璃角度变化，玻璃夹具随玻璃角度进行定制设计。经与幕墙公司及建筑师反复沟通论证，玻璃夹具外观最终定制样式达 63 种，从而保证整个幕墙体系外观效果的统一性。

玻璃板块之间为双曲拼接体系，为保证玻璃拼接点的板块拟合，玻璃夹具（见图 5-22）内部采用球铰结构，调节适应各玻璃板块不同的角度，既避免了玻璃角部应力集中，也保证了玻璃安装的便捷性。根据幕墙公司要求，在部分夹具上加装防风销底座，通过计算和试验保证了该夹具在增加防风销荷载后受力的可靠性，确保幕墙后期维护的便捷与安全。

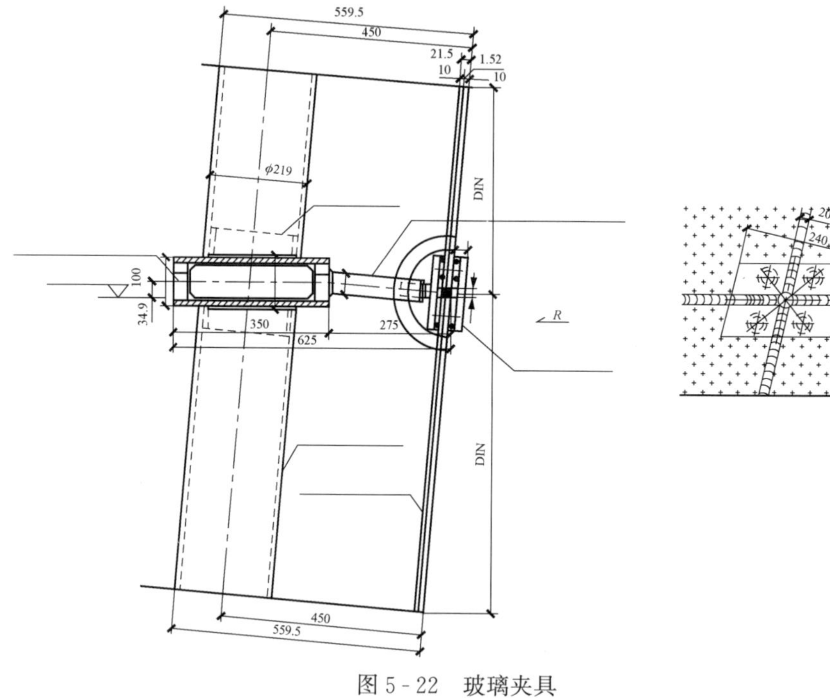

图 5 - 22 玻璃夹具

5.6 铜川博物馆

5.6.1 基本概况

铜川博物馆项目位于铜川市新区市一中西侧，是一个集展示、收藏、研究、教育等功能为一体的综合性博物馆。建成后的博物馆将进一步完善铜川城市功能，加强公共文化服务体系建设，促进铜川文化旅游产业发展。

铜川博物馆是以铜川荣耀历史为载体，以铜川工业文明进程为呈现内容，以铜川红色文化为精神传承的一座现代综合性博物馆。博物馆墙体采用清水型

图 5-23　铜川博物馆

混凝土，映照铜川在中国水泥史上的重要地位，表皮设计采用风铃幕墙，寓意铜川“山水城市”建设，突出“水”的概念，打造出铜川市新的城市名片。

铜川博物馆作为西北首个风铃幕墙项目，是构建城市综合文化体的重要组成部分，也是提升文化软实力和综合竞争力的重要举措，为完善城市功能，推进公共文化服务体系建设、进一步满足人民群众的精神文化需求，保护、研究、展示铜川优秀历史文化奠定了基础。

5.6.2　幕墙设计

铜川博物馆外围护结构采用隐框玻璃幕墙与石材幕墙。为追求灵动的外观效果，在传统帷幕结构外围布置了风铃幕墙结构，风动片随风摆动，为铜川博物馆注入了新的活力。

为了更好地把风铃幕墙方案引入幕墙设计中，在设计初期，经过多方沟通与配合后，相继研制出两种实体样板方案，即方案一拉索转轴固定（见图 5-24）和方案二横向龙骨穿孔固定（见图 5-25）。通过比对设计意念、节点实现、加工制作等方面，最终选定横向龙骨穿孔固定方案。采用方案二，可生动模拟出“水波纹”的效果，完美体现出山水铜川的设计初衷。

图 5-24　方案一

图 5-25　方案二

5.6.3 节点设计

为减少外层幕墙重量，连接组件以轻量化为设计思路，选用 6063 材质，通过注塑工艺一体成型，如图 5-26 所示。固定组件暴露在幕墙外侧，选用 316 奥氏体不锈钢材质，通过机加工生产，保留加工纹理，与叶片的拉丝工艺相呼应。连接轴处增加尼龙套管，防止风动片与连接轴直接接触，如图 5-27 所示。

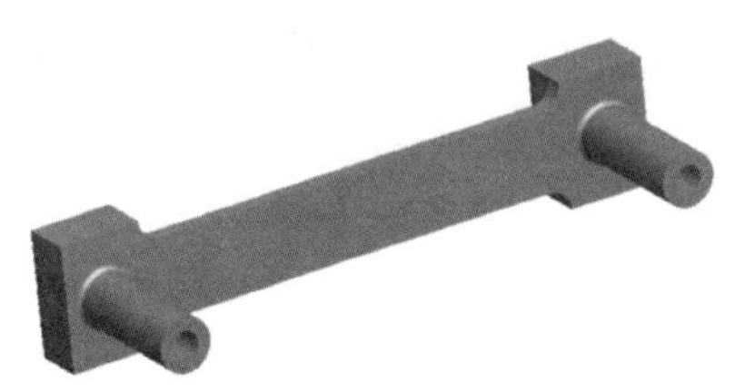

图 5-26 连接组件

图 5-27 固定组件

为保证“水波纹”的连续性，设计师要求对叶片进行穿孔处理。因此，针对不同厚度、不同直径、不同密度加工了数十种样板，每种样板均进行小面积实体样板的摆动试验（见图 5-28），最终选定 150mm×150mm 叶片上加工 300 多个 4mm 直径小孔的方案。此外，在不锈钢风动片表面进行了拉丝处理，使得风动片的“水波纹”更具有灵动性（见图 5-29）。

图 5-28 试制样板

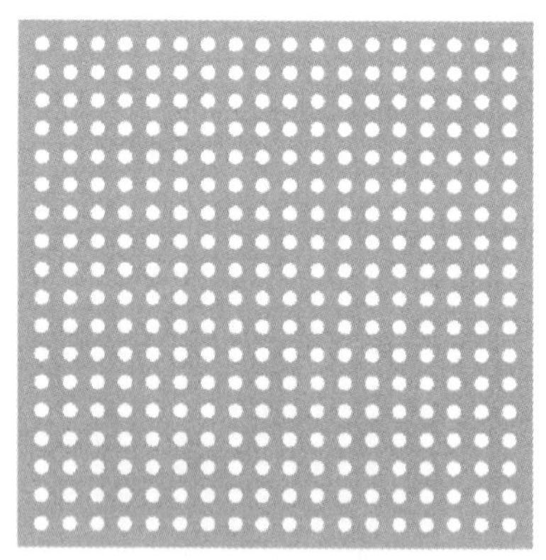

图 5-29 最终样板

在 3500m^2 的幕墙上固定 10 余万风动片对施工效率是严峻的考验。经设计团队多次优化，最终确定采用异形横梁穿槽连接方案（见图 5-30）。在工厂，将连接组件、固定组件、风动片进行标准化装配。在现场施工单位进行穿槽与定位后，即可将横向龙骨整体吊装，实现单元式装配，提高施工效率。

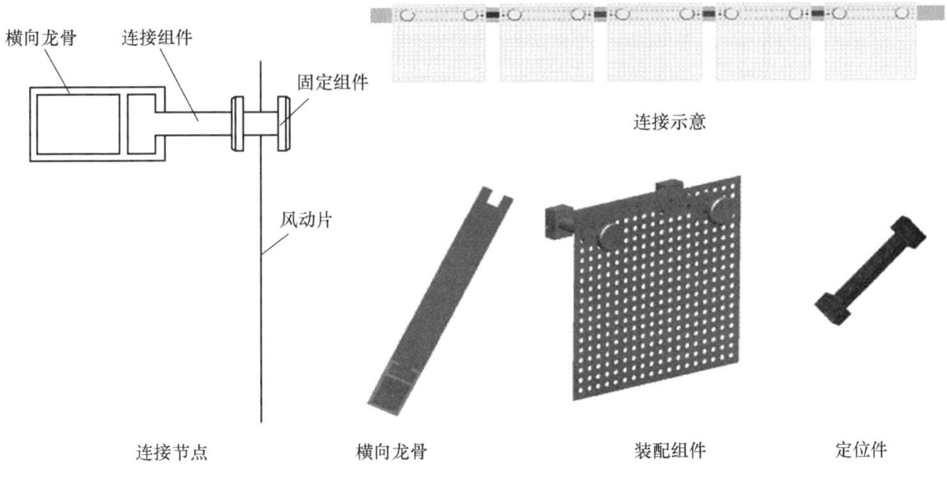

图 5-30　异形横梁穿槽连接方案

5.7　中石油办公楼

5.7.1　基本概况

中国石油大厦工程位于北京市东城区交通商务区北部，东二环北段西侧，东直门桥西北，与东直门交通枢纽相对。该工程总建筑面积约 20.1 万 m^2，其中张弦梁采光顶约 2000m^2；单层索网结构点支承玻璃幕墙面积约 5000m^2。选用 φ30、φ36 不锈钢拉索，于 2007 年 12 月完工，如图 5-31 所示。

图 5-31　中国石油大厦工程

5.7.2　节点设计

索结构共三部分，采光顶结构为双向张弦梁；点支承幕墙结构为单层索网体系，宽 39.6m、高 57.6m、高度方向跨度 42.9m，采用竖向 $\varphi30$ 横向 $\varphi36$ 双排拉索；中厅楼板采用吊索结构。其最大特点是柔性索由两根不锈钢平行拉索构成、玻璃安装方式为十字爪件与缝夹式驳接头，如图 5-32 所示。

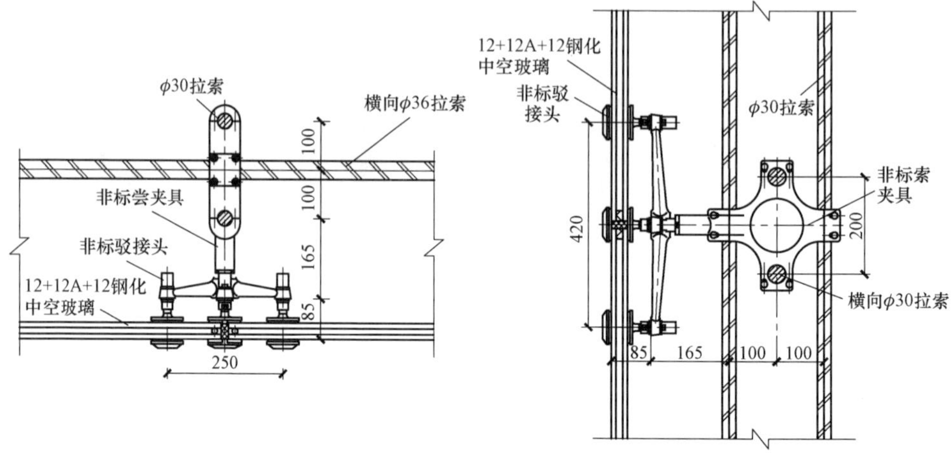

图 5-32 双索节点

5.8 深圳国际会展中心

5.8.1 基本概况

深圳国际会展中心位于宝安区福永街道的会展新城片区，是深圳建市以来最大的单体建筑，项目用地面积约 121.42 万 m^2，总建筑面积约 160.5 万 m^2，整体建成后将成为全球最大的会展中心，如图 5-33 所示。

图 5-33 深圳国际会展中心

5.8.2 幕墙体系

拉索玻璃幕墙系统位于会展中心南、北登录厅入口，为外倾拱形造型，面积合计 1260m²。其拉索竖向最大跨度 18.43m，水平最大跨度 34.2m，跨度较大且为外倾斜 27°，为更好地控制幕墙变形其采用双层拉索支承体系，如图 5-34 所示。

图 5-34 深圳国际会展中心幕墙体系

外层拉索为承担重力和固定玻璃作用，采用坚朗 $\varphi 18$ 不锈钢拉索，竖向布置 20 列，横向布置 8 行，为平面正交索网。内层拉索为抵抗风荷载作用，采用 $\varphi 40$ 不锈钢拉索，竖向布置 20 列，横向布置 9 行，呈马鞍造型。玻璃使用 10（半钢化）+2.28SGP+10（半钢化）+16A+10 钢化双银 LOW-E 中空夹胶玻璃（三片超白），采用非标 $\varphi 76\times 5$mm 不锈钢支撑杆、$\varphi 150$ 外观定制玻璃夹具与双层索网连接，满足拉索的安装误差及调节倾斜玻璃自重下的变形，如图 5-35 所示。

图 5-35 典型幕墙节点（一）

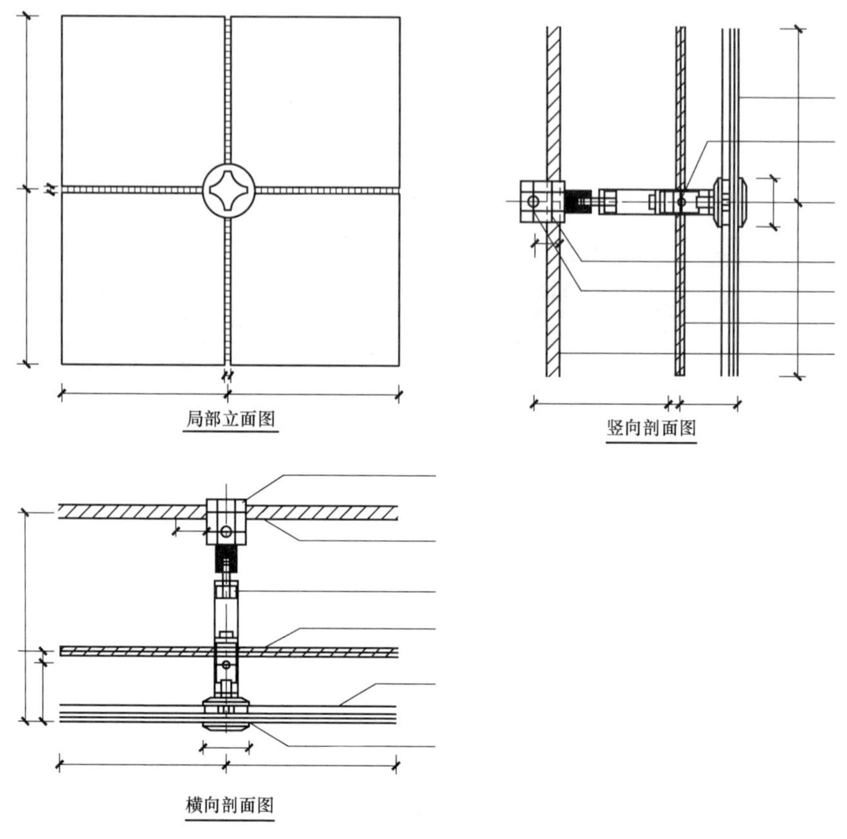

图 5-35 典型幕墙节点（二）

5.9 西安丝路国际会展中心

5.9.1 基本概况

西安丝路国际会展中心作为西安“一带一路”标志性工程，于 2017 年陆续开工。经过两年多紧张有序的建设，这座位于“西安城区最美水岸线”——灞河北岸的西安新地标已然完美呈现。西安丝路国际会展中心建成后将成为中国中西部设施最完备、规模最宏大的国际会展中心，提升西安乃至西部会展产业发展水平，成为国家级国际会展中心。

5.9.2 幕墙体系

西安丝路展览中心共有 7 个展馆，总建筑面积 51 万 m^2，总用钢量 3.25 万 t。展厅屋面由 64 榀超大跨度异形桁架组成，登录厅幕墙抗风柱由预应力自平衡索桁架组成，桁架最大跨度 36m，最高重量 8t，为亚洲最大的自平衡索桁架结构。

图 5-36 西安丝路国际会展中心

登录厅幕墙自平衡索桁架体系，由 4 根 $\varphi45$ 热铸不锈钢拉索，通过“十”字形变截面支撑杆和中间工字形压杆连接组成。拉索预应力依靠自身结构平衡，在外部荷载作用下极大地降低了传递给主体结构的荷载，如图 5-37 所示。

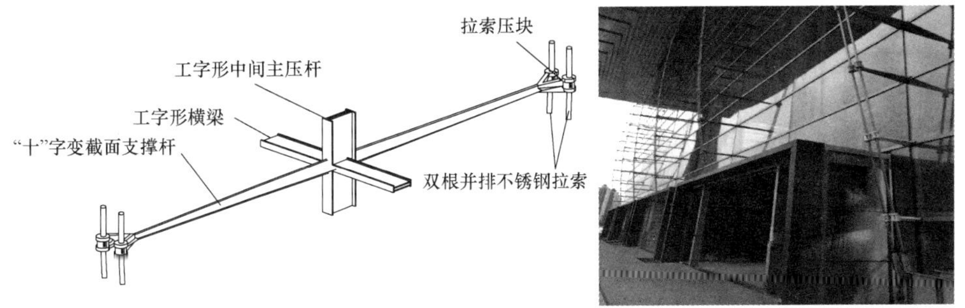

图 5-37 幕墙拉索体系

5.9.3 节点设计

登录厅的超大跨度索桁架对索夹的设计和加工要求具有较大挑战性，通过对大面、转角进行细致的计算分析后，兼顾受力以及美观性设计了爪形索夹。过索部位高度达 200mm，增大了与拉索的接触面积，索夹的压块通过 6 个 10.9 级高强螺栓连接，螺栓隐藏在压块内部，单边索夹可抵抗 30kN 滑移力，如图 5-38 所示。

索桁架的安装采用地面拼装工艺，索夹与“十”字变截面支撑杆通过焊接工艺连接。为确保索夹与支撑杆精确配对，在铸造时为每个索夹都打上了特定的终身编号，如图 5-39 所示。

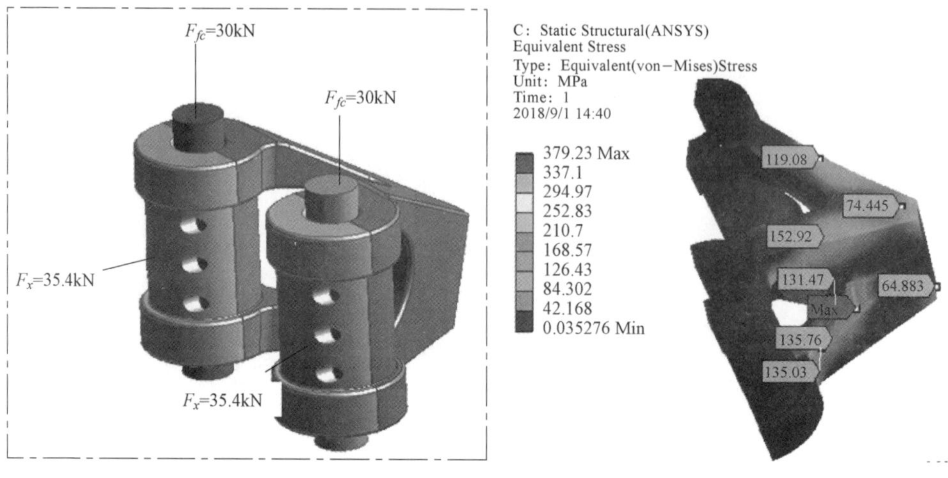

图 5-38 登录厅索夹设计

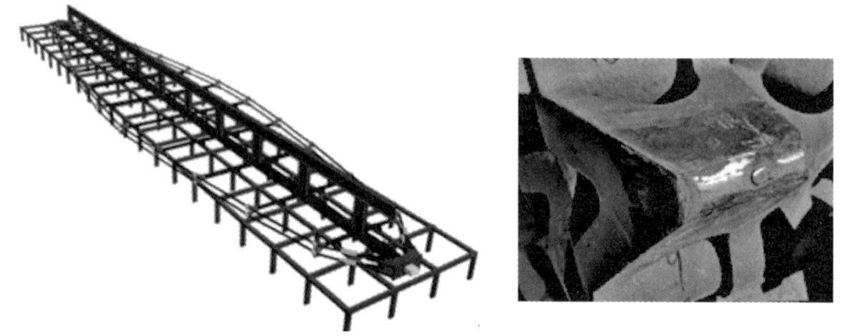

图 5-39 索桁架索夹与支撑杆配对编号

为满足上下拉索 40kN 的拉力差的要求，对转角梁柱处节点进行优化。拉索穿过水平钢梁后，通过连接固定螺栓，将带有中间索压块的拉索、上下压板连成一个整体，现场张拉完成后将上下压板与拉索压块连接件进行焊接，形成可靠的固接节点，如图 5-40 所示。

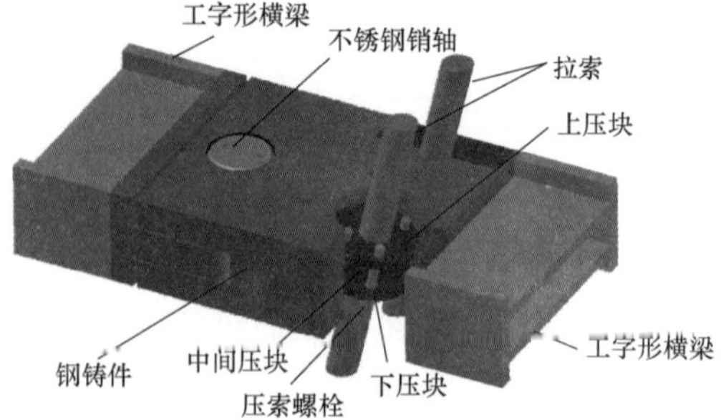

图 5-40 转角梁柱处节点优化

5.10　深圳威新软件科技园三期项目

5.10.1　基本概况

深圳金地威新软件科技园三期位于深圳市南山区高新技术产业园南区，科技南路以东、高新南十道以北、高新南环路以西、高新南九道以南。占地面积44368.11m²，总建筑面积274212m²，其中计容建筑面积223212m²。项目将建设两座塔楼及裙房，裙房首层和二层为办公大堂及园区配套餐饮，其他用作办公及办公配套，涵盖超高层写字楼、企业总部基地、研发办公、高端公寓、企业会所及特色商业等为一体的都市综合体项目。

该项目位于深圳市南山区威新科技园区，地上有A、B、C三个塔楼，其中A塔为办公大楼，地上45层，建筑总高度为211.50m。35层楼面至45层楼面为单层索网玻璃幕墙，采用φ45、φ100拉索和定制玻璃夹具，于2021年完工，为国内直径最大的拉索幕墙，如图5-41所示。

图5-41　深圳威新软件科技园三期

5.10.2　节点设计

拉索幕墙横向跨度25m，竖向跨度44m，横向跨度短为主受力方向，采用坚朗φ100浇铸拉索，竖向采用坚朗φ45浇铸拉索。由于拉索直径过大，工程采用定制玻璃夹具，为300×300菱形外观，单个质量达35kg以上，如图5-42所示。

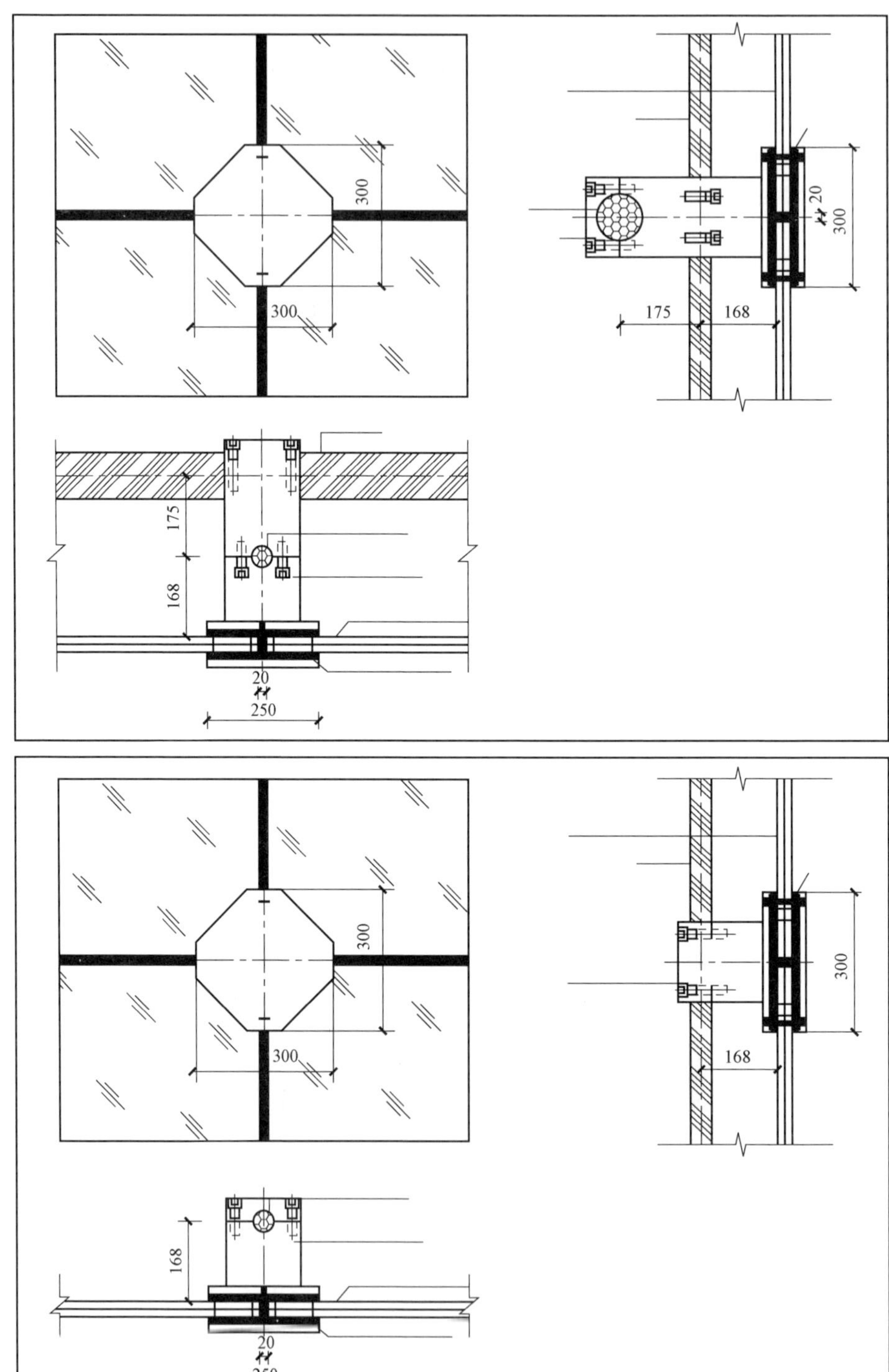

图 5-42 定制玻璃夹具一

工程中玻璃板块为1500×4500，采用TP15＋2.28PVB＋TP15夹胶超白玻璃，由于板块高度大，在玻璃竖缝中间放置玻璃夹具可有效抵抗玻璃自身的形变，降低玻璃厚度，如图5-43所示。

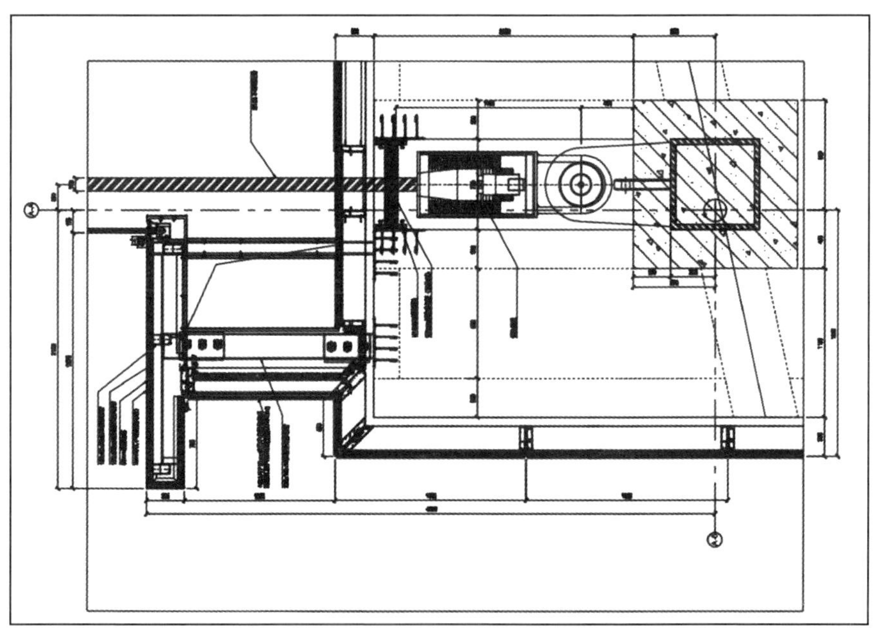

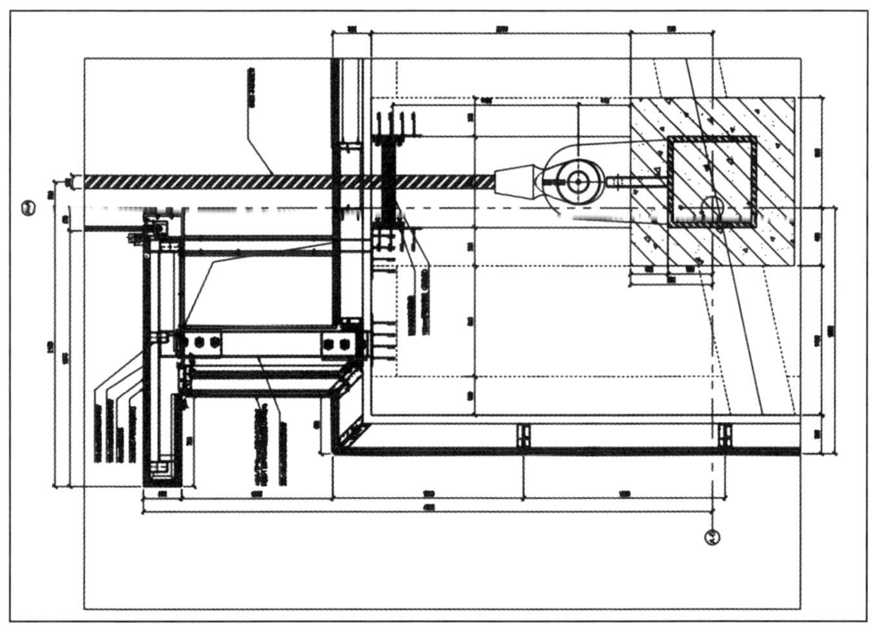

图5-43　定制玻璃夹具二

立面中间高度处三根横向拉索采用预应力过载保护复合装置，当支座产生位移拉索拉力超过设定值时，拉索不会破坏，保险丝破断后，拉索缓冲索内力减小为零；当支座产生位移恢复后，保证拉索继续张紧，如图 5 - 44 所示。

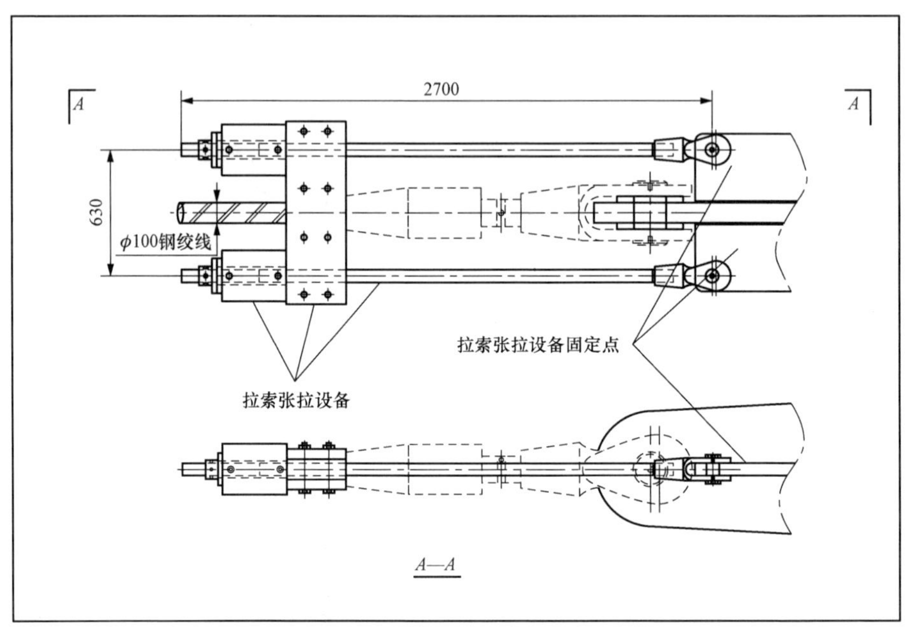

图 5 - 44　预应力过载保护复合装置

非常规拉索的连接需考虑拉索张拉问题，必要时需要提前在拉索连接耳板焊接时考虑张拉的形式及施工空间，具体形式不局限于图 5 - 44，可与张拉设备提供商共同确定。

附录 1　坚宜佳钢拉索部分典型工程案例

序号	项目名称	涉及产品	工程图片
1	三亚市体育中心体育场	环索：φ80、φ110 密封索 径向索：φ75、φ85、φ105、φ120 密封索	
2	援柬埔寨体育场项目	φ30、φ36、φ50、φ60、φ70、φ90、φ100、φ110、φ120 Galfan 拉索、索夹	
3	大连梭鱼湾足球场	φ110、φ120 密封索、径向索夹	
4	顺德德胜体育中心	游泳馆：φ45、φ65 密封索、索夹 体育馆：φ90、φ110、φ120 Galfan 拉索、索夹 训练馆：φ100、φ110 Galfan 拉索、索夹	

续表

序号	项目名称	涉及产品	工程图片
5	泰山文旅健身中心	体育场：φ45、φ80 密封索及径向索夹 体育馆：φ75 密封索、索夹 健身馆：φ55 密封索、索夹	
6	清远奥体中心	φ65、φ80、φ85 密封索、索夹	
7	郑州市奥林匹克体育中心	φ30、φ38、φ116、φ119、φ140、φ130、φ16、φ100 Galfan 拉索、索夹	
8	徐州市奥体中心体育场	φ100、φ127、φ12、φ17、φ17 销轴组件/φ70、φ90 Galfan 拉索、索夹、铸钢件	
9	长春奥体中心体育场	φ120、φ135、φ65、φ85 Galfan 拉索	

续表

序号	项目名称	涉及产品	工程图片
10	上海崇明自行车馆	φ75、φ90 密封索、索夹	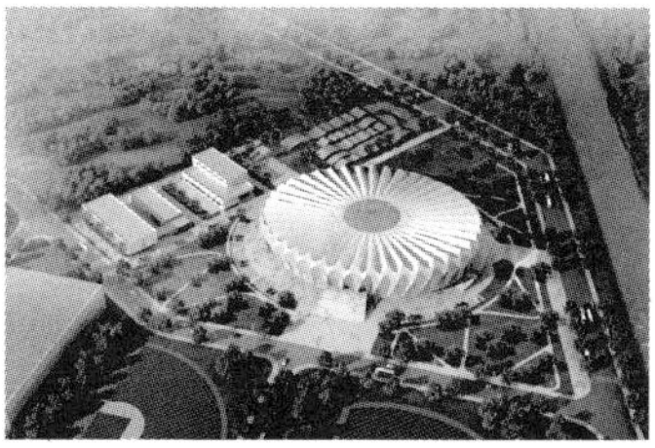
11	西北大学体育馆	φ70、φ80、φ100 密封索、索夹	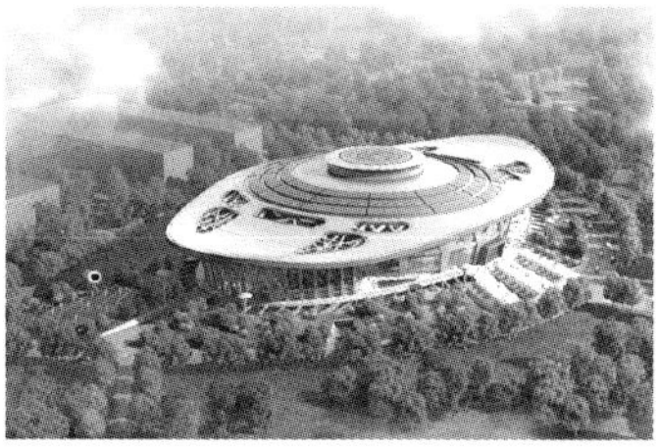
12	十堰市青少年户外培训基地	φ75、φ85、φ105 密封索、索夹	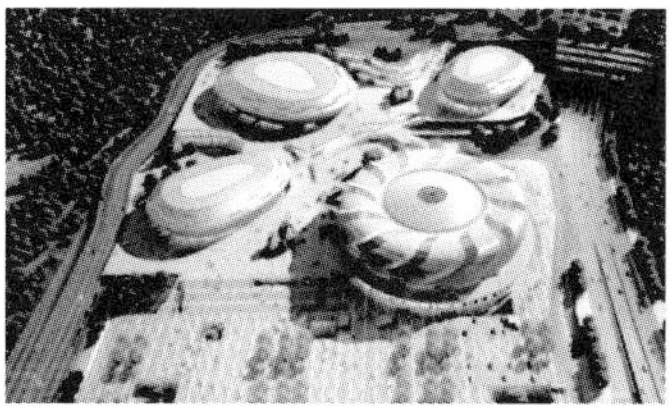
13	瓯海奥体体育馆	φ40、φ75 、φ110 高钒索、索夹	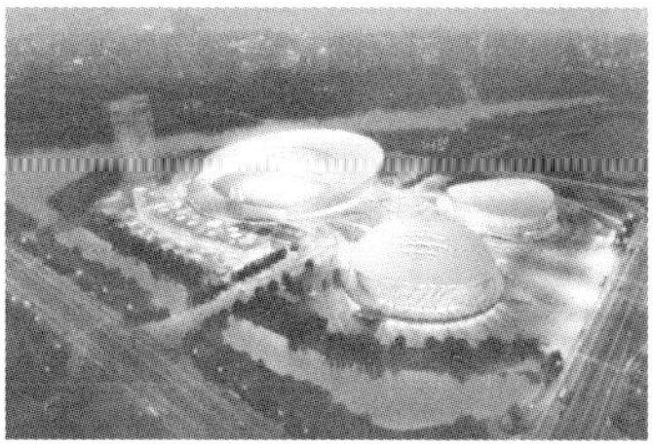
14	大沙河文体中心	φ50、φ85 密封索、索夹	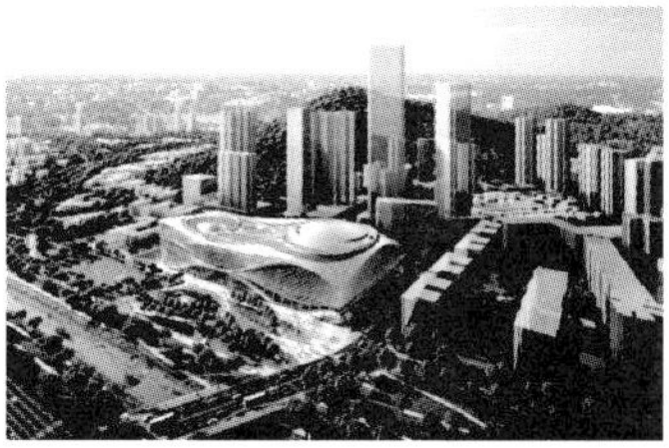

续表

序号	项目名称	涉及产品	工程图片
15	四川轻化工大学东部校区	φ75 密封索、索夹	
16	北京中学体育馆	φ80、φ90 密封索	
17	温州奥体中心	φ90 密封索	
18	2022 冬奥会国家滑雪雪橇中心	φ40、φ50、φ60 Galfan 拉索、索夹	
19	乌鲁木齐市奥林匹克体育中心	φ80、φ63、φ71、φ40 Galfan 拉索	

续表

序号	项目名称	涉及产品	工程图片
20	巴中体育中心	φ136、φ133、φ113、φ110 Galfan 拉索	
21	雅加达国际体育场	φ110 Galfan 拉索、索夹	
22	镇江市体育会展中心	φ30、φ38、φ45 Galfan 拉索	
23	胡芦岛体育中心项目	φ30 内圈斜索、φ40 内圈斜索、φ80 内圈斜索	
24	鄂尔多斯伊金霍洛旗体育中心	φ32、φ38、φ48、φ56、φ65 Galfan 拉索、索夹	

续表

序号	项目名称	涉及产品	工程图片
25	山东济宁体育中心	φ22、φ60、φ78、φ92、φ104 Galfan 拉索、销轴	
26	天全体育馆	φ16、φ34、φ46、φ50、φ56、φ60、φ68、φ73 Galfan 拉索、索夹、撑杆头	
27	天津理工大学新建体育馆项目钢 Galfan 拉索工程	φ60、φ71、φ80、φ99、φ116、φ133 Galfan 拉索、索夹	
28	清丰县文体中心	φ30、φ77、φ110、φ136 Galfan 拉索、索夹	
29	晋江第二体育中心	φ40 Galfan 拉索	

续表

序号	项目名称	涉及产品	工程图片
30	安康市体育运动公园	φ5×109PE Galfan 拉索	
31	蚌埠体育中心	φ82 Galfan 拉索、索夹	
32	西北大学长安新校区体育馆	φ48、φ55、φ70、φ80、φ100 Galfan 拉索	
33	保定市人民体育场（体育馆加固维修设计）项目	φ46 Galfan 拉索	
34	滁州手球馆项目	φ84、φ56 Galfan 拉索、索夹	

续表

序号	项目名称	涉及产品	工程图片
35	唐山新体育中心	φ80、φ120、φ105 Galfan 拉索	
36	呼伦贝尔学院体育场	φ20、φ26 Galfan 拉索	
37	湖南衡阳工学院风雨操场	φ30、φ71 Galfan 拉索	
38	黄骅市体育馆游泳馆	φ71 Galfan 拉索、索夹	
39	景德镇市景东游泳馆建设项目	φ50、φ68、φ75、φ82 Galfan 拉索、索夹	

续表

序号	项目名称	涉及产品	工程图片
40	靖江职教体育场看台	φ38 Galfan 拉索	
41	奎屯体育中心	φ30、φ44、φ56、φ36、φ65、φ75 Galfan 拉索	
42	南昌县昌南体育馆	φ26 Galfan 拉索	
43	如东县文化体育中心项目	φ63、φ71、φ95 Galfan 拉索	
44	天津健康产业园体育基地棒球比赛场地看台改扩建项	φ38 Galfan 拉索	

续表

序号	项目名称	涉及产品	工程图片
45	同济大学新建嘉定校区体育中心项目屋面钢结构	φ52 Galfan 拉索	
46	乌兰察布市游泳馆、网球馆建设项目	φ24、φ65 Galfan 拉索	
47	五源河文化体育中心	φ32 Galfan 拉索	
48	武汉大学大学生体育活动中心	φ77 Galfan 拉索	
49	武清体育中心	φ16、φ24 Galfan 拉索	

续表

序号	项目名称	涉及产品	工程图片
50	武威体育馆	φ105、φ60 Galfan 拉索	
51	咸阳奥体中心（咸阳体育中心）	φ32 Galfan 拉索	
52	湘西州文化体育会展中心	φ30、φ36 Galfan 拉索	
53	枣庄市民中心	φ80、φ90 Galfan 拉索	
54	肇庆体育中心体育馆改造工程	φ18 Galfan 拉索、过 Galfan 拉索节点	

续表

序号	项目名称	涉及产品	工程图片
55	浙江大学紫金港校区风雨操场修缮和改造（二期）—膜结构工程	φ12、φ20、φ28、φ40、φ50 Galfan 拉索、M48 螺杆、M65 螺杆	
56	郑州航海体育场看台罩棚维修工程	φ18 Galfan 拉索	
57	珠海横琴国际网球中心膜结构建筑	φ30、φ36 Galfan 拉索	
58	长春全民健身中心游泳馆	φ16、φ48 Galfan 拉索	
59	石家庄国际展览中心	φ26、φ63、φ86、φ97、φ113、φ133 Galfan 拉索、索夹、铸钢件	

续表

序号	项目名称	涉及产品	工程图片
60	深圳新会展中心	φ25 Galfan 拉索（3000 根）	
61	国家会议中心二期	φ95 密封索	
62	合肥国际会展中心	φ7×583PE 拉索	
63	重庆国际博览中心	φ32 Galfan 拉索（5000 根）	
64	威海国际经贸交流中心	φ2×133PE Galfan 拉索	

续表

序号	项目名称	涉及产品	工程图片
65	青海国际会展中心	φ5 × 163、φ5 × 223PE Galfan 拉索	
66	西安丝路会展中心	φ137 Galfan 拉索、索夹	
67	宜都市民活动中心	φ7×187PE Galfan 拉索	
68	驻马店国际会展中心	φ7×187PE Galfan 拉索	
69	中铁青岛世界博览城会展及配套项目	φ56、φ68 Galfan 拉索、撑杆头套件、索夹	

续表

序号	项目名称	涉及产品	工程图片
70	漯河城市展示馆	φ28、φ32、φ42、φ60 Galfan 拉索	
71	茂县羌族博物馆	φ34、φ42 Galfan 拉索	
72	杭州电竞馆	φ55 密封索、索夹	
73	青岛凤凰之舟	铸钢件	
74	成都露天音乐广场	φ48 Galfan 拉索、索夹	

续表

序号	项目名称	涉及产品	工程图片
75	常州花博会主场馆	φ32 Galfan 拉索	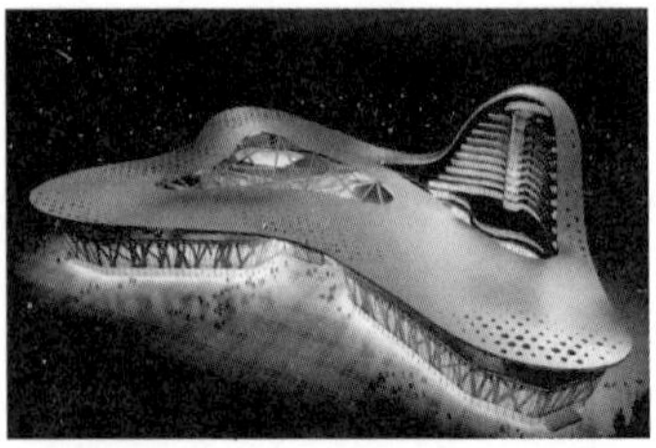
76	大丰文化艺术中心与会展中心	φ26 Galfan 拉索、索夹	
77	广东（潭州）国际会展中心	φ30 Galfan 拉索、索夹	
78	霍尔果斯国际会展中心项目	φ18、φ34、φ40 Galfan 拉索	
79	红岛国际会议展览中心	φ20、φ34、φ40 Galfan 拉索、索夹	

续表

序号	项目名称	涉及产品	工程图片
80	岳阳三荷机场	φ20、φ26、φ30、φ101、φ122、φ140 Galfan 拉索、索夹	
81	长春龙嘉国际机场二期扩建工程	φ40 密封 Galfan 拉索	
82	青岛北站	φ30、φ50、φ60、φ74、φ84、φ90、φ106、φ126 Galfan 拉索	
83	廊坊收费站	φ12、φ32、φ36、φ40、φ48、φ55、φ60、φ70、φ80、φ85、φ90、φ140 Galfan 拉索	
84	邯郸客运站	φ68、φ110、φ136 Galfan 拉索	

续表

序号	项目名称	涉及产品	工程图片
85	德州综合客运站	φ18、φ60 Galfan 拉索	
86	榆林榆阳机场	φ50、φ68 Galfan 拉索、索夹	
87	港珠澳大桥旅检大楼（HK-PCB）	φ32 Galfan 拉索	
88	十堰北站	φ22 Galfan 拉索	
89	兰州中川机场二期扩建工程航站楼工程—钢结构	φ34、φ56 Galfan 拉索	

续表

序号	项目名称	涉及产品	工程图片
90	龙阳路地铁站	φ28、φ36 Galfan 拉索、销轴组件	
91	大同南站	φ24 Galfan 拉索	
92	南通机场航站区规划及综合候机楼	φ24 Galfan 拉索	
93	上海国际金融中心	φ20、φ28、φ59 Galfan 拉索	
94	象屿大厦	φ30、φ40、φ70、φ100 Galfan 拉索、过 φ90 双索索夹	

续表

序号	项目名称	涉及产品	工程图片
95	亚投行总部大楼	φ42、φ90 Galfan 拉索	
96	国家科技传播中心	φ80、φ85 密封索、索夹	
97	海洋科教创新园区（西海岸校区）学习综合体项目	φ75、φ95 密封索、索夹	
98	杭州之门	φ36 Galfan 拉索、索夹	
99	珠海十字门喜来登酒店幕墙工程	φ16、φ50、φ59 Galfan 拉索、半球块、索夹	

续表

序号	项目名称	涉及产品	工程图片
100	虹源盛世国际文化城幕墙	φ36、φ68 Galfan 拉索、索夹	
101	中国农业银行北方数据中心	φ24、φ46 Galfan 拉索、销轴组件	
102	南通能达大厦	φ78 Galfan 拉索	
103	秦皇岛世纪港湾商业中心	φ22、φ28 Galfan 拉索	
104	荣福宫大厦	φ32、φ36、φ40 Galfan 拉索、过索夹具	

续表

序号	项目名称	涉及产品	工程图片
105	武汉绿地中心暨绿地国际金融城 A01 地块（又名 606 绿地中心）	φ59、φ71、2 × φ71、2 × φ80 Galfan 拉索、节点	
106	天津市滨海新区文化中心	φ28、φ48 Galfan 拉索	
107	大唐国际王滩发电有限责任公司煤场封闭项目	φ66、φ80 Galfan 拉索、过 φ65 Galfan 拉索索夹	
108	托克托电厂煤棚项目	φ30、φ32、φ36、φ40、φ56、φ60 Galfan 拉索	
109	大唐国际发电有限公司盘山电厂煤场封闭改造 EPC 总承包项目大煤场膜下索及其附件安装工程	φ52、φ71 Galfan 拉索、索夹	

续表

序号	项目名称	涉及产品	工程图片
110	内蒙古托克托电厂五期封闭煤场	φ30、φ32、φ36、φ40、φ56、φ60 Galfan 拉索	
111	上海旅游度假区迪士尼景观桥	φ38、φ63、φ115、φ90 Galfan 拉索、索夹	
112	张家塘桥项目	φ65 密封索锚具	
113	山东德州太阳能小镇	φ22、φ26 Galfan 拉索	
114	常德柳叶湖旅游度假区柳叶风帆	φ20、φ24、φ80 Galfan 拉索、索夹	

续表

序号	项目名称	涉及产品	工程图片
115	沙特 SABIC 悬索人行天桥	φ30、φ80 Galfan 拉索、索夹	
116	石林峡飞碟玻璃景观平台	φ20、φ30、φ50 Galfan 拉索	
117	浙江神仙居观景桥	φ32、φ60、φ73、φ119、φ140 Galfan 拉索	
118	云南白药景观吊桥	φ46 Galfan 拉索	
119	黄石仙岛湖观景平台	φ24、φ28、φ32、φ42、φ46 Galfan 拉索	

附录 2　坚朗不锈钢拉索部分典型工程案例

序号	项目名称	涉及产品	工程图片
1	国家体育馆	φ10 不锈钢拉索 φ16 不锈钢拉杆	
2	援柬埔寨体育场项目	φ50×5 支撑杆，φ20、φ26 拉索，爪型连接件	
3	武汉五环体育中心	φ36 不锈钢拉索、弹簧装置、玻璃夹具	
4	厦门嘉庚体育馆	φ14、φ18 不锈钢拉索	

续表

序号	项目名称	涉及产品	工程图片
5	武汉体育中心	φ18 不锈钢拉索	
6	深圳新会展中心	φ40、φ18 不锈钢拉索、不锈钢撑杆、玻璃夹具	
7	上海世博主题馆	φ20、φ30 不锈钢拉索	
8	昆明滇池国际会展中心	φ34、φ38 不锈钢拉索、玻璃夹具	
9	海南国际会展中心二期	φ28 不锈钢拉索、球铰玻璃夹具	

续表

序号	项目名称	涉及产品	工程图片
10	杭州国际会议中心	φ12、φ16 不锈钢拉索、夹具	
11	广州会展中心	φ14 不锈钢拉索	
12	哈尔滨国际会议中心	φ12、φ16 不锈钢拉索、夹具	
13	国家会展中心（上海）	φ12 不锈钢拉索、连接件	
14	岳阳三荷机场	φ16、φ36 不锈钢拉索、不锈钢支撑杆、不锈钢爪件	

续表

序号	项目名称	涉及产品	工程图片
15	上海虹桥交通枢纽	φ18、φ34不锈钢拉索、不锈钢定制爪件	
16	北京大兴国际机场	φ70、φ40、φ34不锈钢拉索	
17	重庆江北国际机场 T3A 航站楼	φ40、φ42、φ45不锈钢拉索，不锈钢索爪	
18	兰州中川机场二期扩建工程航站楼工程—钢结构	φ20不锈钢拉索夹具	
19	南宁吴圩国际机场	φ36、φ40、φ45不锈钢拉索、玻璃夹具	

续表

序号	项目名称	涉及产品	工程图片
20	海口美兰国际机场二期扩建	φ38 不锈钢拉索、玻璃夹具	
21	新加坡樟宜国际机场 T3	φ16、φ22、φ28、φ32 不锈钢拉索、玻璃夹具	
22	深圳北站	φ16、φ20、φ34、φ36 不锈钢拉索、玻璃夹具	
23	成都东站	φ20、φ30 不锈钢拉索、玻璃夹具	
24	合肥南站	φ28、φ32、φ36 不锈钢拉索、玻璃夹具	

续表

序号	项目名称	涉及产品	工程图片
25	广州白云机场	φ22、φ65 拉索	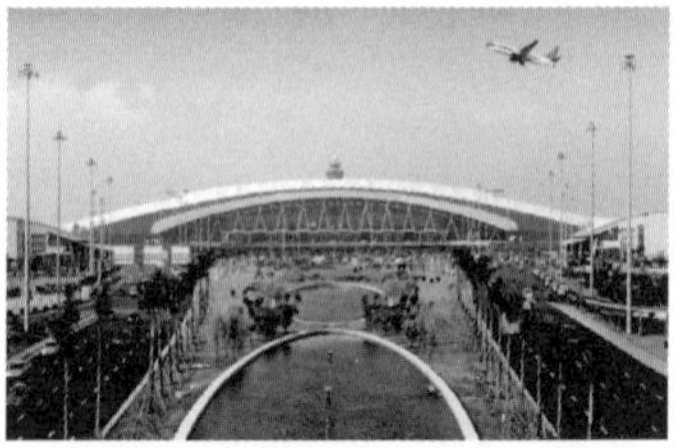
26	太原机场	φ10、φ20、φ22、φ26、φ32、φ36 不锈钢拉索、玻璃夹具	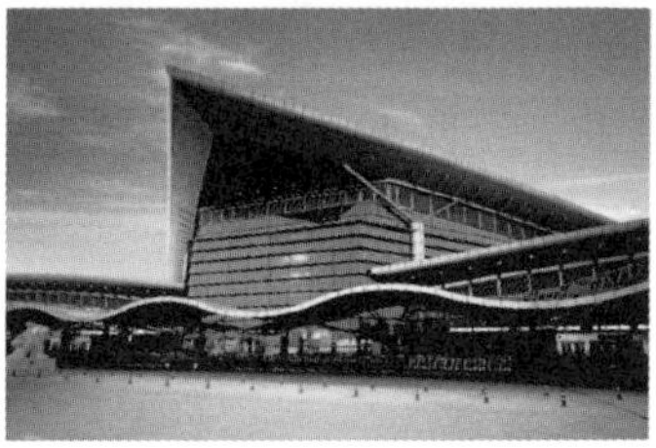
27	石家庄机场	φ24 不锈钢拉索、弹簧装置、玻璃夹具	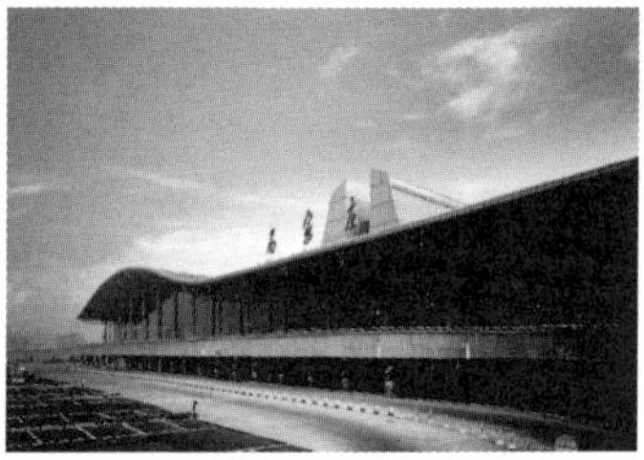
28	北京中石油大厦	φ30、φ36 不锈钢拉索非标夹具	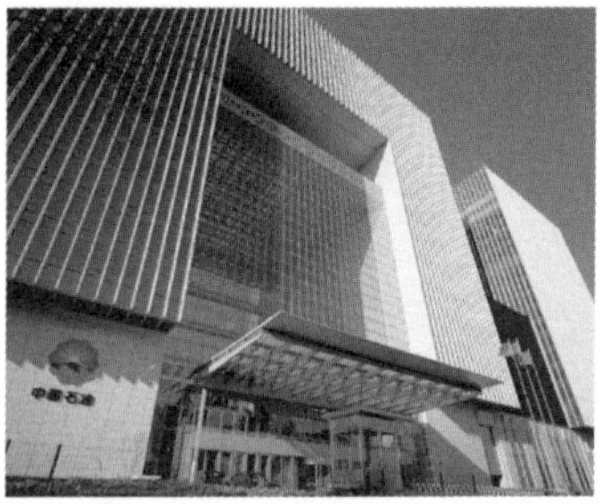
29	中国铁建广场	φ30 不锈钢拉索、不锈钢索爪	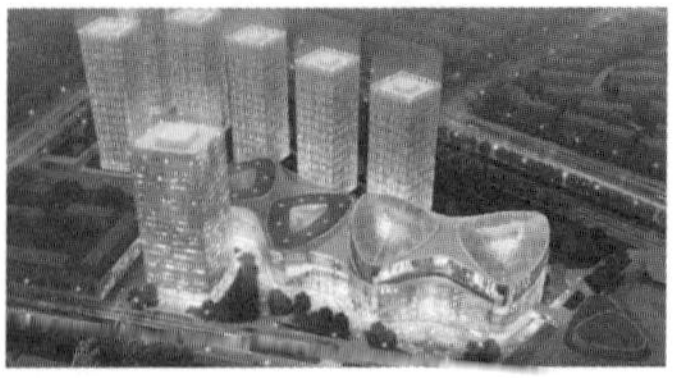

续表

序号	项目名称	涉及产品	工程图片
30	三利大厦扩改建工程	φ26、φ30、φ70 不锈钢拉索、爪型玻璃夹具	
31	北京盈科中心	φ40 不锈钢拉索、玻璃夹具	
32	包商银行商务大厦	φ60 不锈钢拉索、玻璃夹具	
33	沈阳市府恒隆广场	φ60 不锈钢拉索、玻璃夹具	
34	亚厦总部大楼	φ28、φ40 不锈钢拉索、玻璃夹具	

续表

序号	项目名称	涉及产品	工程图片
35	广州东塔（广州周大福金融中心）	φ85 不锈钢拉索	
36	广州国美信息科技中心	φ25、φ36 不锈钢拉索	
37	广州港湾广场	φ36 不锈钢拉索	
38	深圳华安保险总部大厦	φ60 不锈钢拉索	

续表

序号	项目名称	涉及产品	工程图片
39	深圳 HBC 汇隆中心	φ28、φ40 不锈钢拉索	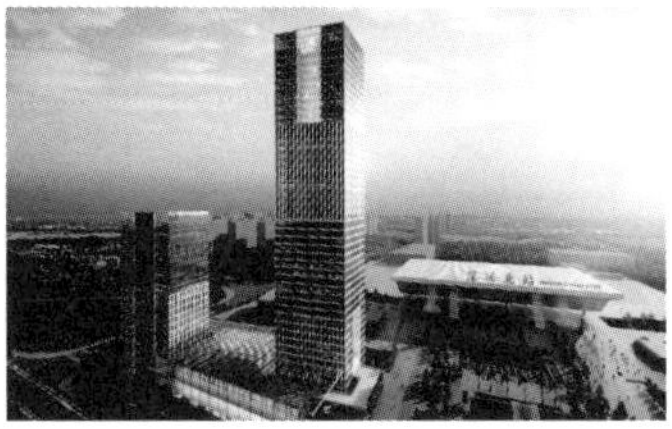
40	招商银行深圳分行大厦	φ38 不锈钢拉索	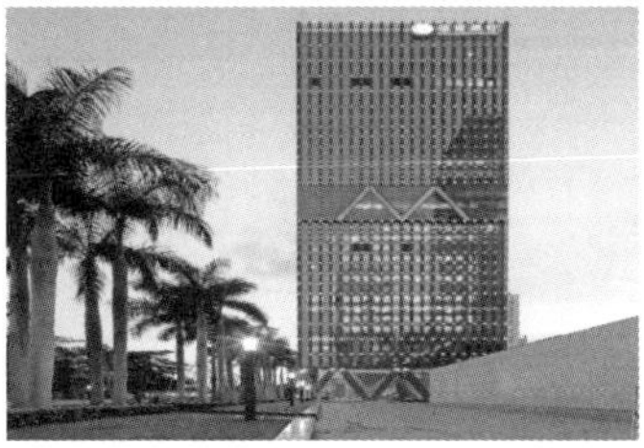
41	南方博时基金大厦	φ32、φ45、φ56 不锈钢拉索	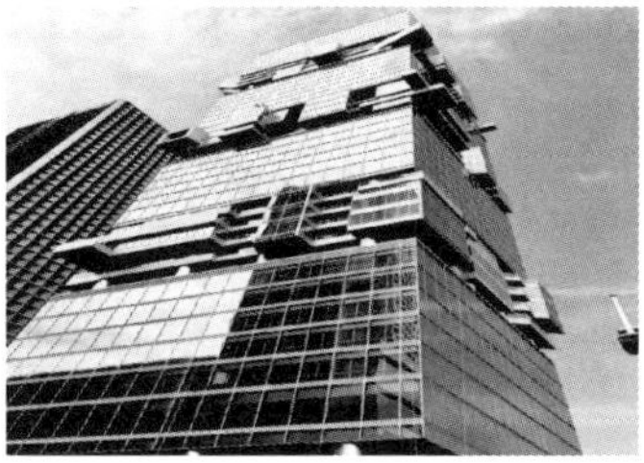
42	深圳金地中心	φ85、φ60、φ36 不锈钢拉索	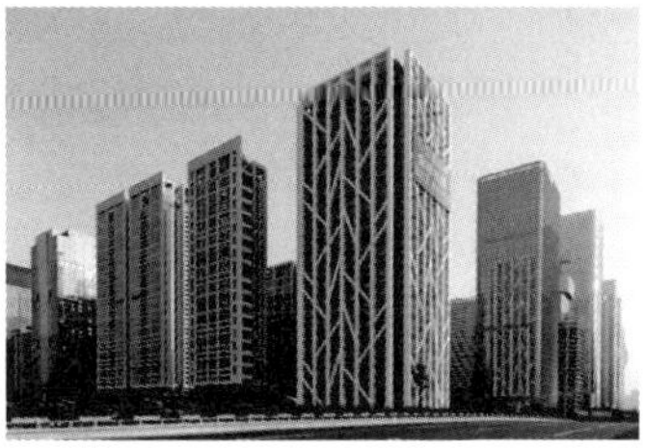
43	深圳金地威新软件科技园三期	φ45、φ100 不锈钢拉索	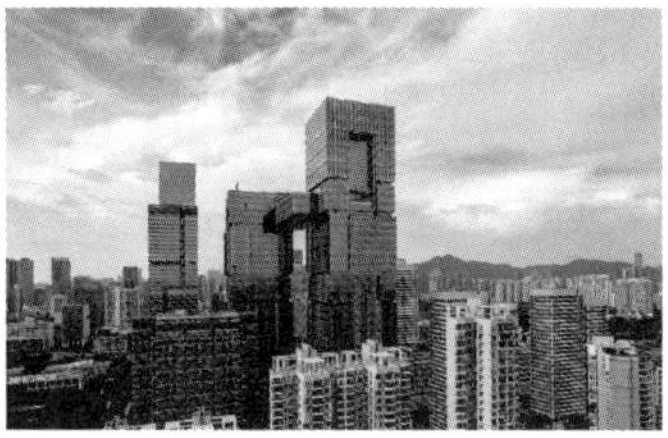

续表

序号	项目名称	涉及产品	工程图片
44	信通金融大厦（深圳农村商业银行总部）	φ60 不锈钢拉索	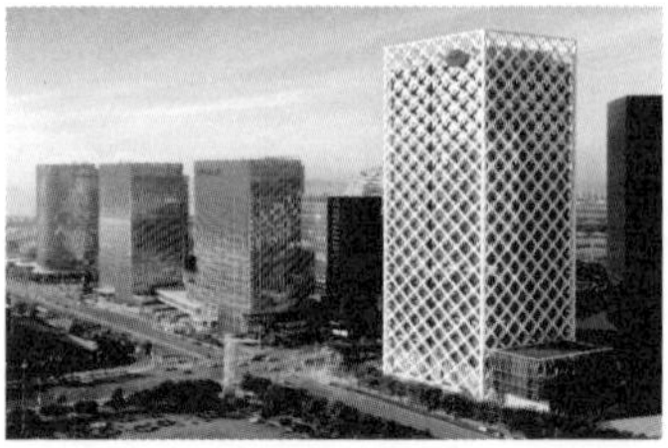
45	深圳安信金融大厦	φ36、φ40 不锈钢拉索	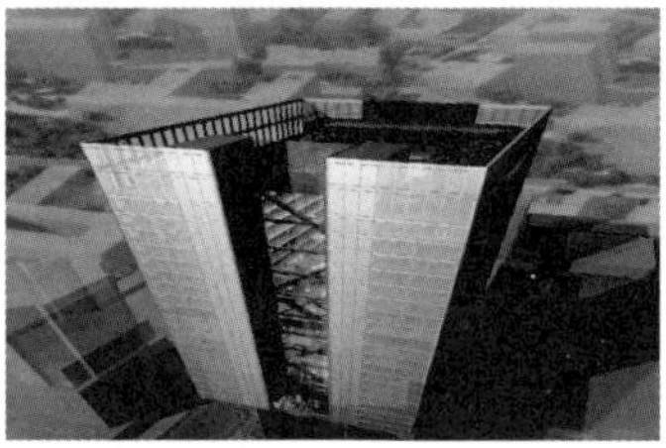
46	深圳前海弘毅大厦	φ65、φ56 不锈钢拉索	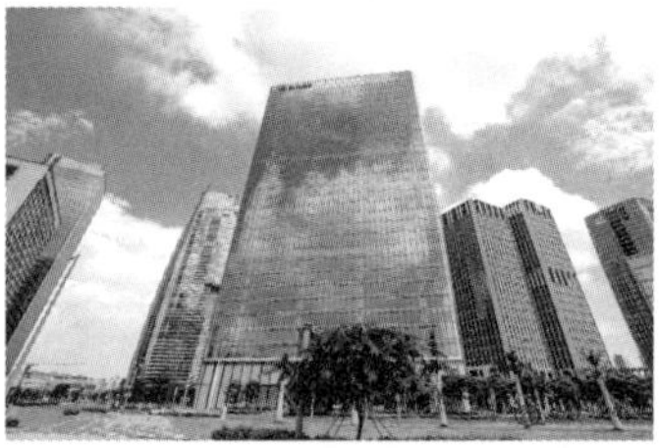
47	华润前海中心	φ30、φ36、φ40、φ42 不锈钢拉索	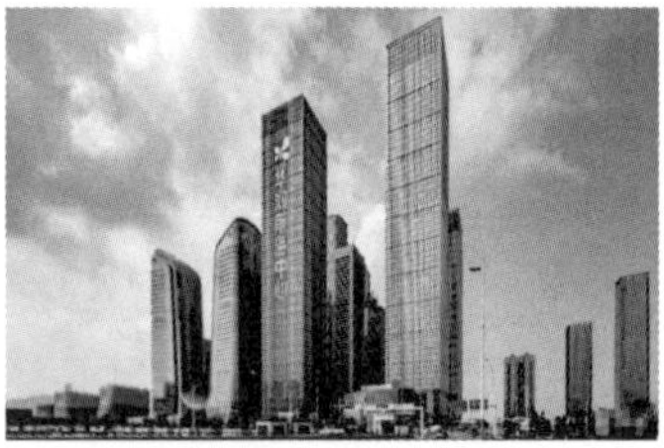
48	华为南方工厂二期	φ42 不锈钢拉索	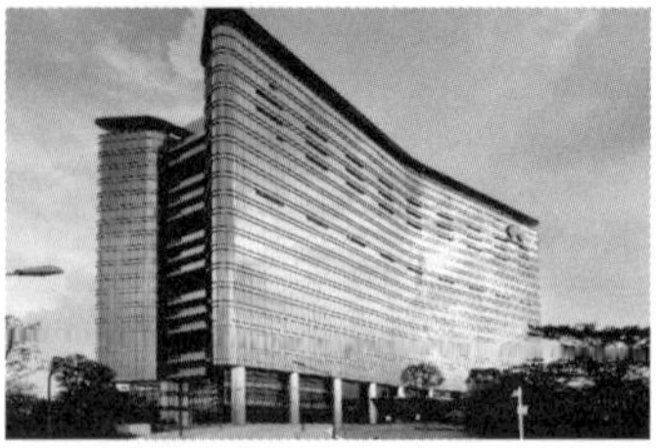

续表

序号	项目名称	涉及产品	工程图片
49	广东生益科技松山湖研发办公楼	φ22、φ80、φ30 不锈钢拉索	
50	佛山保利商务中心	φ42、φ38 不锈钢拉索	
51	珠海中心大厦	φ70 不锈钢拉索	
52	珠海横琴科技创新中心	φ40、φ70 不锈钢拉索、玻璃夹具、弹簧装置	
53	哈利法塔	φ28、φ45 不锈钢拉杆、φ22 不锈钢拉索	

续表

序号	项目名称	涉及产品	工程图片
54	新加坡滨海金沙综合娱乐城	φ12、φ18 不锈钢拉杆、φ28、φ30、φ36、φ45 不锈钢拉索	
55	梅兰芳大剧院	φ28 不锈钢拉索，拉索过载保护装置	
56	漓江歌剧院	φ32、φ24 不锈钢拉索	
57	常州大剧院	φ10、φ22.5 不锈钢拉索	
58	湖南省艺术馆	φ12、φ32 不锈钢拉索	

续表

序号	项目名称	涉及产品	工程图片
59	深圳光明绿道三桥项目	φ16、φ20、φ40 不锈钢拉索	
60	河南艺术中心	φ19、φ20 不锈钢拉索	
61	天津泰达图书馆	φ16、φ30 不锈钢拉索	

附录3 坚宜佳钢拉杆部分典型工程案例

序号	项目名称	涉及产品	工程图片
1	石家庄国际展览中心	φ35 拉杆/φ40 拉杆/φ65 拉杆/φ80 拉杆	
2	天津国家会展中心	φ25 拉杆/φ35 拉杆/φ55 拉杆/φ75 拉杆/φ85 拉杆/φ95 拉杆/φ105 拉杆/φ115 拉杆/φ125 拉杆	
3	上海图书馆东馆	φ250 拉杆/φ110 拉杆	
4	深圳技术大学一期项目图书馆	φ210 拉杆	

续表

序号	项目名称	涉及产品	工程图片
5	港珠澳大桥珠海口岸旅检大楼项目	φ20 拉杆/φ25 拉杆/φ30 拉杆/φ35 拉杆/φ100 拉杆	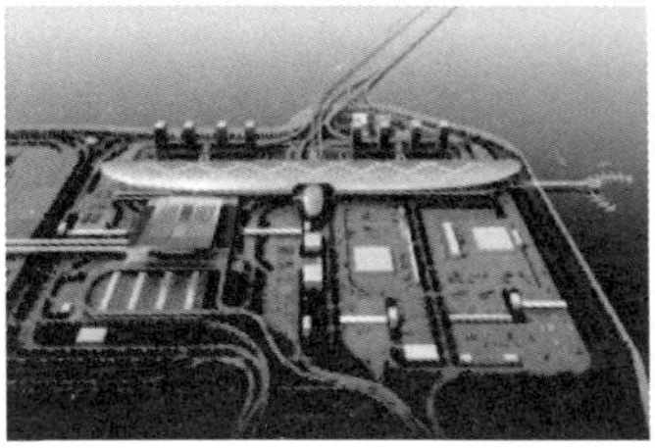
6	港珠澳大桥香港口岸旅检大楼	M140 连接头及锥形连接件、铸钢件	
7	北京新机场	φ40 拉杆/φ50 拉杆/φ60 拉杆/φ65 拉杆/φ70 拉杆/φ80 拉杆/φ120 拉杆	
8	浦东国际机场三期扩建工程项目	φ30 拉杆/铸钢件	
9	卡塔尔 Al Rayyan 体育场	φ16 拉杆/φ20 拉杆/φ25 拉杆/φ30 拉杆/φ40 拉杆/φ75 拉杆/φ90 拉杆/φ100 拉杆/φ105 拉杆/φ120 拉杆，高强度销轴与支撑压杆	

续表

序号	项目名称	涉及产品	工程图片
10	卡塔尔教育城体育场钢结构项目	φ80 拉杆/φ100 拉杆	
11	亚洲基础设施投资银行总部永久办公场所项目	M30 锚栓/M40 锚栓/φ35 拉杆/φ55 拉杆/φ80 拉杆/φ100 拉杆/铸钢件	
12	滨州电视塔	φ35 拉杆	
13	厦门西海湾邮轮城	φ120 拉杆/φ150 拉杆	
14	深圳新会展中心（新国际展览中心）	φ30 拉杆	

续表

序号	项目名称	涉及产品	工程图片
15	中铁青岛世界博览城	φ30 拉杆/φ35 拉杆/φ45 拉杆/φ50 拉杆	
16	白云机场二号航站楼	φ40 拉杆/φ45 拉杆/φ50 拉杆/φ55 拉杆/φ60 拉杆/φ70 拉杆/φ75 拉杆/φ80 拉杆	
17	成都天府国际机场	φ25 拉杆/φ30 拉杆	
18	东北亚（长春）国际机械城会展中心	φ40 拉杆/φ50 拉杆	
19	中国西部国际博览城	φ60 拉杆/φ80 拉杆	

续表

序号	项目名称	涉及产品	工程图片
20	京东集团西南总部大厦	φ120 拉杆/φ135 拉杆	
21	驻马店国际会展中心亮相	φ35 拉杆	
22	晋江国际会展中心	φ30 拉杆	
23	威海国际经贸交流中心	φ40 拉杆/φ50 拉杆/φ75 拉杆	
24	绍兴国际会展中心	φ45 拉杆/φ60 拉杆	

续表

序号	项目名称	涉及产品	工程图片
25	郑州新国际会展中心	φ40 拉杆	
26	唐山港京唐港区 23 号至 25 号多用途泊位工程	φ75/φ85 船坞与码头用拉杆	
27	宝钢广东湛江钢铁基地项目码头	φ70 船坞与码头用拉杆	
28	清丰县文体中心项目	φ45 拉杆/φ55 拉杆/φ90 拉杆/φ110 拉杆	
29	启东市文化体育中心工程	φ30 拉杆/φ70 拉杆	

续表

序号	项目名称	涉及产品	工程图片
30	瑞金市体育中心体育场	$\varphi30$ 拉杆/$\varphi50$ 拉杆	
31	济宁文化中心	$\varphi30$ 拉杆/$\varphi50$ 拉杆/$\varphi60$ 拉杆	
32	漯河城市展示馆	$\varphi40$ 拉杆	
33	胜利油田会议中心	$\varphi25$ 拉杆	
34	阿尔及利亚巴哈吉体育场	$\varphi30$ 销轴	

续表

序号	项目名称	涉及产品	工程图片
35	北京门头沟体育文化中心项目	φ50 拉杆	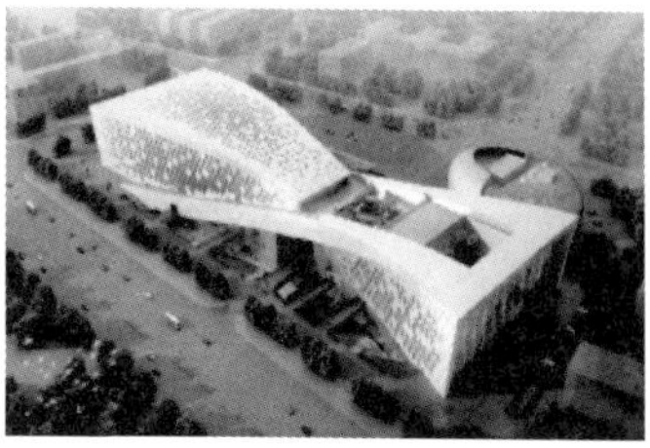
36	东营经济开发区人民法院审判综合楼	φ35 拉杆/φ50 拉杆/铸钢件	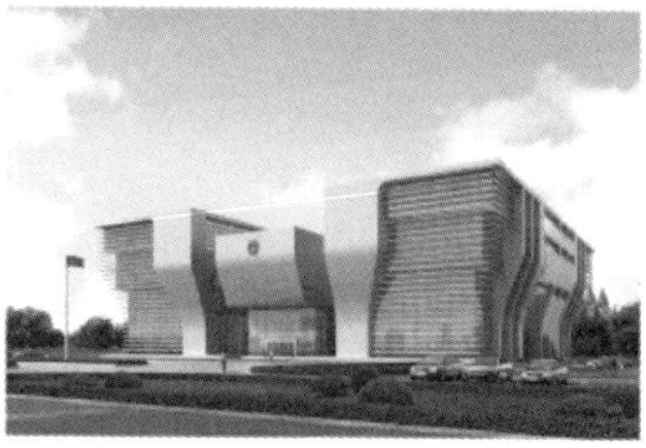
37	虹桥搜侯商业广场	φ140 拉杆/φ180 拉杆	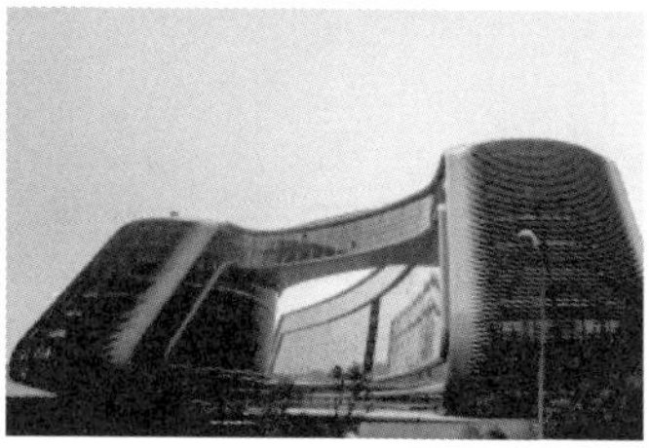
38	六安市体育中心	φ121×15 拉压杆	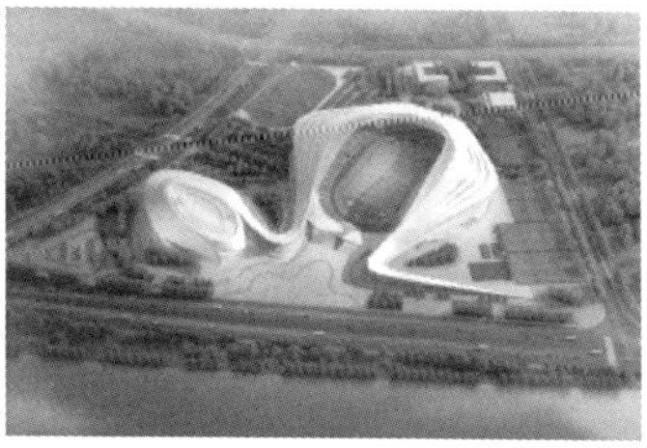
39	晋江第二体育中心	φ35 拉杆	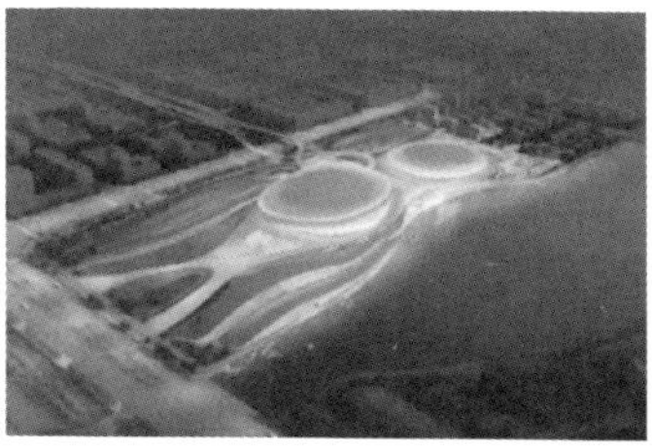

续表

序号	项目名称	涉及产品	工程图片
40	国家速滑馆	φ20 拉杆/φ40 拉杆	
41	国家雪车雪橇中心效果图	φ30 拉杆/φ40 拉杆	
42	国家开发银行	φ50 拉杆/φ70 拉杆	
43	上海国际金融中心	φ16 拉杆	
44	四川北路中信泰富	φ16 拉杆/φ45 拉杆/φ60×8 拉压杆	

续表

序号	项目名称	涉及产品	工程图片
45	江北嘴金融城天桥	φ60 拉杆/φ90 拉杆/φ110 拉杆	
46	东莞国贸	φ16 拉杆/φ30 拉杆/φ50 拉杆	
47	阳光保险大厦	φ25 拉杆/φ40 拉杆	
48	济青高铁潍坊北站	φ30 拉杆/φ40 拉杆/φ50 拉杆/φ80 拉杆	
49	青岛西客站商务区	φ20 拉杆/φ40 拉杆	

续表

序号	项目名称	涉及产品	工程图片
50	拉萨贡嘎机场T3航站楼规划	φ89×5 拉压杆/φ30 销轴	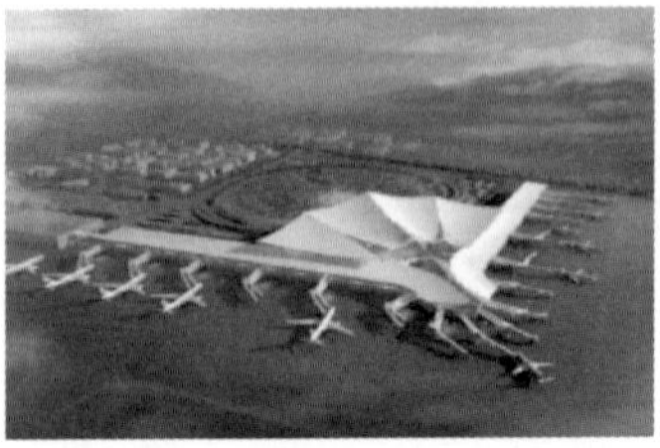
51	新科威特国际机场	φ55 接头	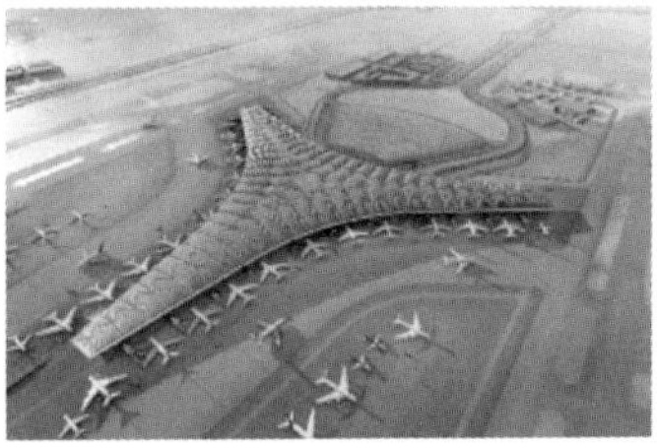
52	深圳机场卫星厅	φ36 锚杆/预埋组件	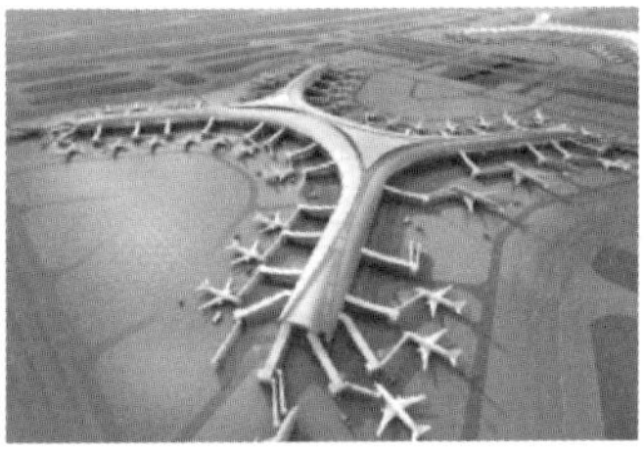
53	郑州新郑机场	φ100 拉杆	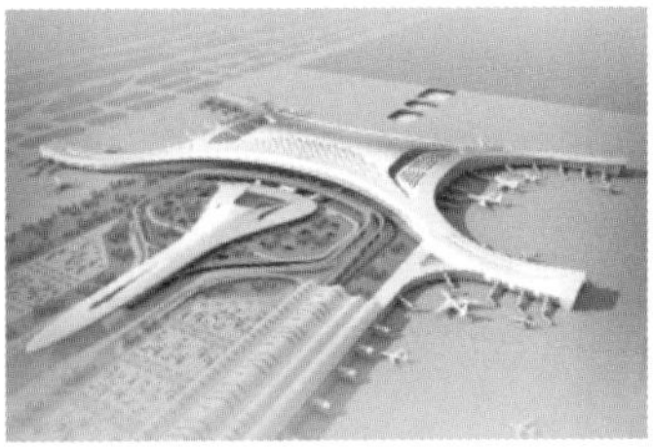
54	沙特吉达机场	φ60 拉杆	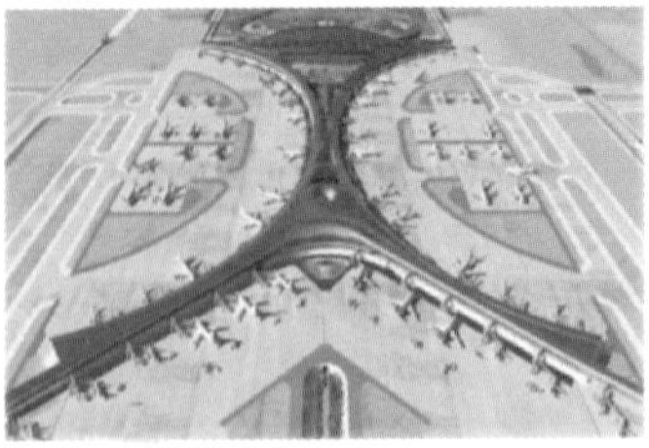

续表

序号	项目名称	涉及产品	工程图片
55	南京禄口机场	φ30 拉杆	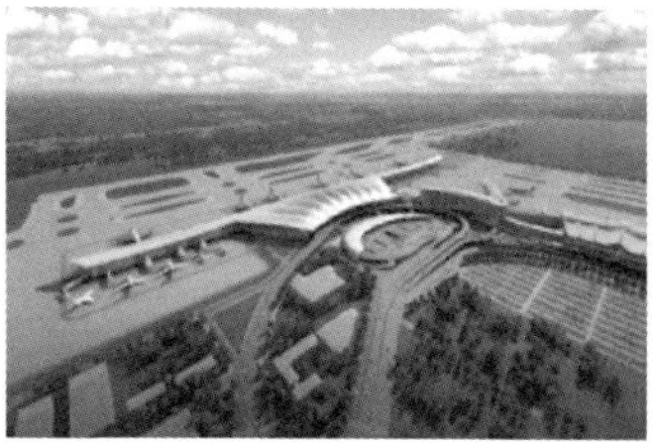
56	天津滨海国际机场 T2 航站楼	φ75 拉杆	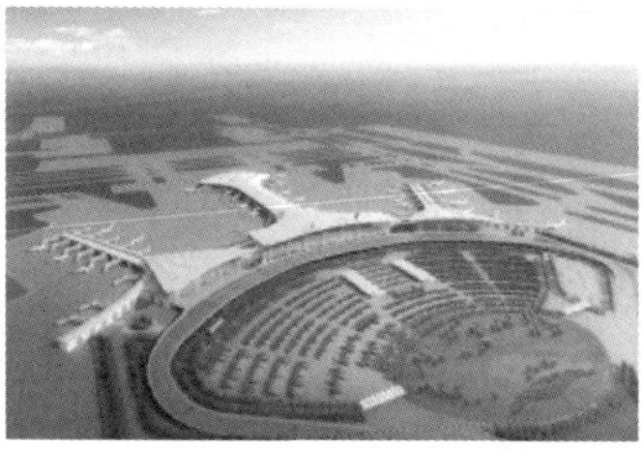
57	蚌埠体育中心	φ70 拉杆	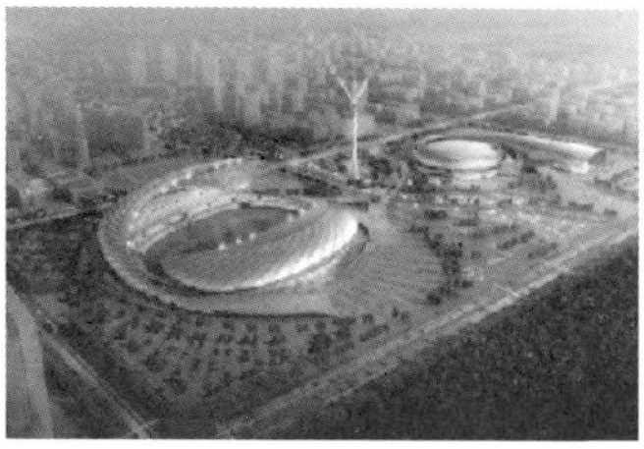
58	武汉大学大学生体育活动中心	φ20 拉杆	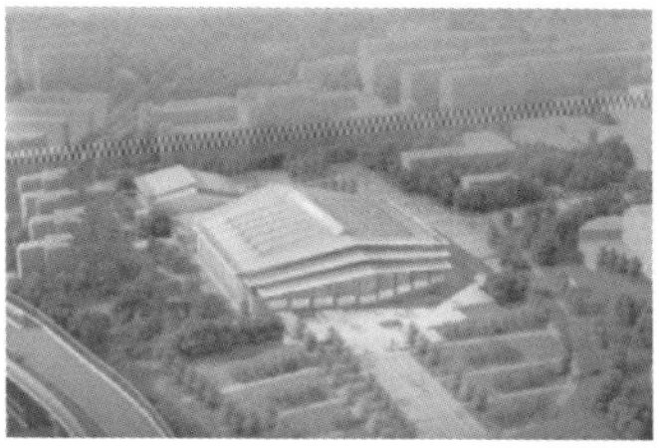
59	肇庆体育中心体育馆改造工程	φ30 拉杆	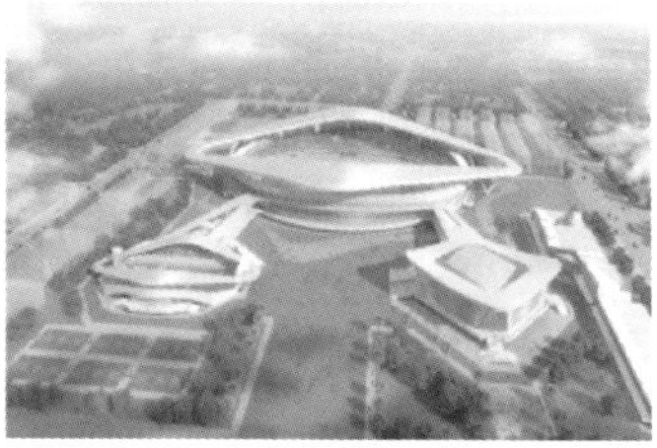

续表

序号	项目名称	涉及产品	工程图片
60	东安湖体育中心	φ35 拉杆/φ45 拉杆	
61	日照市科技馆	φ40 拉杆	
62	青岛东方影都万达茂项目	φ50 拉杆/φ55 拉杆/φ60 拉杆	
63	郑州绿地广场	φ35 拉杆	
64	焦作丹河电厂异地扩建 2×100kW 机组上大压小工程	φ50 拉杆/φ65 拉杆	

续表

序号	项目名称	涉及产品	工程图片
65	托克托电厂煤棚项目	φ30 拉杆/φ40 拉杆/φ50 拉杆	
66	成都凤凰山体育中心	φ30 拉杆	
67	宜都市民活动中心	φ35 拉杆	
68	哈密市民服务中心	φ100 拉杆	
69	沁阳体育中心	φ40 拉杆/φ50 拉杆/φ60 拉杆	

续表

序号	项目名称	涉及产品	工程图片
70	漳州体育馆	φ35 拉杆	
71	阿斯坦纳新国际机场	φ50 拉杆	
72	南京南站	φ20 拉杆	
73	昆明南新客站	φ30 拉杆/φ40 拉杆/φ60 拉杆	
74	深圳平安金融中心	φ110 拉杆	 

续表

序号	项目名称	涉及产品	工程图片
75	无锡英特宜家购物中心	φ20 拉杆/φ40 拉杆/φ50 拉杆/φ85 拉杆	
76	中建钢构总部大厦	φ121×14 拉压杆/φ250×18 拉压杆	 
77	武汉英特宜家购物中心	φ40 拉杆	
78	重庆西站	φ30 拉杆	
79	南宁东站	φ50 拉杆	

续表

序号	项目名称	涉及产品	工程图片
80	无锡地铁 2 号线	φ25 拉杆/φ40 拉杆/φ60 拉杆	
81	麦加火车站	φ150 拉杆	
82	赣州西站	φ45 拉杆	
83	宁天城际轨道交通	φ30 拉杆/φ40 拉杆/φ60 拉杆	
84	南开大学图书馆	φ110 拉杆	

续表

序号	项目名称	涉及产品	工程图片
85	利雅得国家图书馆	φ10 拉杆	
86	榆林商会大厦	φ45 拉杆	
87	深业上城（南区）	φ95 拉杆/φ100 拉杆	
88	三亚崖州湾新区丝路之塔	φ20 拉杆	
89	深圳阿里巴巴大厦	φ50 拉杆	

续表

序号	项目名称	涉及产品	工程图片
90	将台商务中心冬季花园	φ75 拉杆	
91	南非 ABSA	φ16 拉杆/φ25 拉杆	
92	顶琇西北湖 B 地块	φ130 拉杆	
93	广发证券大厦	φ60 拉杆	
94	成都自然博物馆	φ60 拉杆/φ80 拉杆	

续表

序号	项目名称	涉及产品	工程图片
95	江苏大剧院	φ40 拉杆	
96	佛山纺塔	φ110 拉杆	
97	沙特 JAMARAT BRIDGE	φ20 拉杆	

参 考 文 献

[1] 蓝天．国内外悬索屋盖结构的发展［A］//全国索结构学术交流会论文集［C］．江苏，无锡，1991.

[2] 沈士钊．十年来中国悬索结构的发展［A］//第六届空间结构学术会议论文集［C］．广东，广州，1992.

[3] 沈士钊．中国悬索结构的发展［J］．工业建筑，1994，(6)：3-9.

[4] 浙江省工业设计院，浙江省基建局第一工程处，国家建委建筑科学研究院．采用鞍形悬索屋盖结构的浙江人民体育馆［J］．建筑科学，1974，(4)：38-46.

[5] 余坪，谷秀珠，黎万策．四川省体育馆102×86m悬索屋盖预应力技术［J］．建筑技术，1988，(8)：26-28.

[6] 沈士钊，蒋兆基．亚运会朝阳体育馆组合索网屋盖［J］．建筑结构学报，1990，11 (3)：1-9.

[7] 汪大绥，张富林，高承勇，等．上海浦东国际机场（一期工程）航站楼钢结构研究与设计［J］．建筑结构学报，1999，20 (2)：2-8.

[8] 吴春良，李卫平，舒赣平，等．南京奥体中心游泳馆主馆钢结构屋盖的分析与研究［J］.江苏建筑，2009，(6)：25-30.

[9] 王文胜，薄燕培，胡庆卫．佛山世纪莲体育中心索膜结构［A］//第十一届空间结构学术会议论文集［C］．江苏，南京，2005.

[10] 覃阳，朱忠义，柯长华，等．北京2008年奥运会国家体育馆屋顶结构设计［J］．建筑结构，2008，38 (1)：12-15.

[11] 张志宏，傅学怡，董石麟，等．济南奥体中心体育馆弦支穹顶结构设计［J］．空间结构，2008，14 (4)：8-13.

[12] 文勉聪，吴才伍．广州南沙体育馆海螺造型钢结构屋架安装技术［J］．施工技术，2010，39 (8)：362-367.

[13] 张毅刚．建筑索结构的类型及其应用［J］．施工技术，2010，39 (8)：8-12.

[14] 张其林．索和膜结构［M］．同济大学出版社，2001.

[15] 张毅刚．张弦结构的十年（一）——张弦结构的概念及平面张弦结构的发展［J］．工业建筑，2009，39 (10)：105-113.

[16] 王洪军，刘锡良．索及相关结构体系［A］//第二届现代结构学术研讨会［C］．天津：471-476.

[17] 广东坚朗五金制品股份有限公司．点支承玻璃幕墙配件典型产品目录2022版，2022.

[18] GB/T 20934—2007 钢拉杆［S］．北京：中国标准出版社，2007.

[19] 广东坚宜佳五金制品有限公司．结构索杆图册2022版，2022.

[20] 广东坚朗五金制品股份有限公司．2000～2010坚朗产品经典工程集锦，2011.

[21] 张其林．建筑索结构设计计算与实例精选［M］．北京：中国建筑工业出版社，2009.

[22] 李亚明，周晓峰．中国航海博物馆曲面索网玻璃幕墙的结构设计与施工关键技术［M]. 北京：中国建筑工业出版社，2010.

[23] 朱忠义，刘飞，张琳，等．500m 口径球面射电望远镜反射面主体支承结构设计［J］. 空间结构，2017，23（2）：3-8.

[24] 李兴刚．北京 2022 年冬奥会国家雪车雪橇中心设计研究［J］．建筑技艺，2020，(10)：83.

[25] 詹伟东，董石麟．索穹顶结构体系的研究进展［J］．浙江大学学报（工学版），2004.11，Vol.38，NO.10.1298-1304.

[26] 王泽强，程书华，尤德清，等．索穹顶结构施工技术研究［J］．建筑结构学报，33（4）.

[27] 董石麟，罗尧治．新型空间结构分析、设计与施工．2006，ISBN 7-114-06118-8：626.

[28] 钱英欣，尤德清．索穹顶结构关键施工技术研究［J］．施工技术．2012，41（14）：67-76.

[29] 姚裕昌，韩平元，孙坚，等．点式玻璃幕墙预应力索桁架的试验研究［J］．建筑科学，2000，31（12）：824-825.

[30] 柯旺，张海礁，王晓科，等．国家雪车雪橇中心赛道遮阳棚钢木组合梁安装施工技术［J]. 中国建筑金属结构，2020，11：90-91.

[31] 张国军，葛家琪，王树，等．内蒙古伊旗全民健身体育中心索穹顶结构体系设计研究［J]. 建筑结构学报，2012，33（4）.

[32] 董石麟，袁行飞．索穹顶结构体系若干问题研究新进展［J］．浙江大学学报：工学版，2008，42（1）：1-7.

[33] 陈联盟．Kiewitt 型索穹顶结构的理论分析和试验研究［D］．杭州：浙江大学，2005.

[34] 马立明，沈祖炎，钱若军．大跨空间结构的新型式：张拉索穹顶结构［J］．同济大学学报：自然科学版，1995，23（2）：231-235.

[35] 王树，王明珠，张国军，等．多层大悬挑钢结构体系静力与抗震性能设计［J］．建筑结构学报，2012，33（4）：77-86.

[36] 张爵扬，张相勇，陈华周，等．石家庄国际会展中心双向悬索结构整体稳定性分析［J]. 建筑结构学报，2020，41（3）.

[37] 闫翔宇，马青，陈志华，等．天津理工大学体育馆复合式索穹顶结构分析与设计［J］．建筑结构学报，2019，21（2）.

[38] 余玉洁，陈志华，王霄翔．拉索半精细化有限元模型及其敏感性分析［J］．天津大学学报（自然科学版），2015，48（增刊）：96-101.

[39] 黄小坤，赵西安，刘军进．我国建筑幕墙技术 30 年发展［J］．建筑科学，2013，29（11）.

[40] 刘军进，钱基宏，黄小坤，等．新保利大厦索网幕墙结构咨询报告［R］．北京：中国建筑科学研究院，2010.

[41] 刘军进，朱礼敏，周存勃，等．金成大厦采光顶平面索网支承结构设计［J］．中国建筑金属结构，2012，30（9）：51-54.

[42] 刘军进，刘枫，朱礼敏，等．中国航海博物馆曲面幕墙单层索网结构设计［J］．建筑结构，2011，41（3）：7-10.

[43] 王丰，徐刚，吕品，等. 徐州奥体中心体育场环向悬臂索承网格预应力施工关键技术[J]. 施工技术，2014，43 (14) .

[44] 冯远，向新岸，董石麟，等. 雅安天全体育馆金属屋面索穹顶设计研究 [J] . 空间结构，2019，25，(1) .

[45] 黄诚，陈书明，孔维祥 . 自平衡鱼腹式索桁架混合结构支撑体系施工 [J] . 施工技术，2003，32，(5) .

[46] 任俊超 . Galfan 拉索在空间结构中的应用及其节点设计 [J] . 建筑结构，2014，44 (4)：59 - 62.